数林外传系列

跟大学名师学中学数学

# 微微对偶不等式及其应用

第2版

◎ 张运筹 编著



中国科学技术大学出版社

## 内 容 简 介

本书的主要内容包括微微对偶不等式及其矩阵形式、证明、应用. 全书用全新的方法处理了 30 个简单不等式、25 个高难竞赛题、40 个书刊征解题、16 个著名不等式、4 个高考不等式,并构造了 10 个新不等式,推广了 4 个著名不等式,留下了 25 个练习题(附解答);主要方法是,把一些不等式的证明归结为巧妙地构造一个矩阵,恰当地排出一个矩阵. 该书所选的例题、习题虽然都是大家所关注的名题、难题,但处理方法却是新的. 值得注意的是,在此新方法下,名题更美了,难题不难了.

广大数学爱好者和中学教师,特别是中学数学竞赛培训教师及培训对象,钻研该书选题和处理方法,定会得到有益的启示.

**图书在版编目(CIP)数据**

微微对偶不等式及其应用/张运筹编著. —2 版. —合肥:中国科学技术大学出版社,2014.1(2020.4 重印)
(数林外传系列:跟大学名师学中学数学)
ISBN 978-7-312-03360-5

Ⅰ.微…　Ⅱ.张…　Ⅲ.不等式　Ⅳ.O178

中国版本图书馆 CIP 数据核字(2013)第 267272 号

中国科学技术大学出版社出版发行
安徽省合肥市金寨路 96 号,230026
http://press.ustc.edu.cn
https://zgkxjsdxcbs.tmall.com
安徽省瑞隆印务有限公司印刷
全国新华书店经销
*
开本:880 mm×1230 mm　1/32　印张:4.75　字数:91 千
1989 年 3 月第 1 版　2014 年 1 月第 2 版
2020 年 4 月第 3 次印刷
定价:20.00 元

# 再 版 前 言

在数学里，不等式的内容比起等式显得更丰富，不等式的处理方法自然也越来越发展，“序”也就越来越引人关注. 有一种有关“序”的向量控制理论，也正在得到广泛应用.

本书试图引起更多的中学师生也来关注“序”，尽量避开高等数学中的内容来介绍一种处理不等式的方法.

微微对偶不等式是许多重要不等式的来源. 微微对偶不等式在追溯老不等式、构造新不等式、处理高难竞赛题方面都具有特殊的效力. 微微对偶不等式的经典是积和 $S$ 与和积 $T$ 的矩阵形式，精华是把一些不等式的证明归结为巧妙地构造一个矩阵，恰当地排出一个矩阵.

为了让读者有更多的机会掌握各种各样的矩阵设计，对新方法产生兴趣，本书尽可能地对每题重新构造矩阵，很少用一个题去做另一个题，尽可能地少用常规方法.

这本小册子着重介绍了微微对偶不等式的应用，但这只是一个起步，作者希望有更多的人写出更多的续篇.

张运筹

2013 年 6 月

# 目　　次

# 1 微微对偶不等式

## 1.1 内容和形式

微微对偶不等式是指以下两个不等式：

(1) $\sum_{j=1}^{n}\prod_{i=1}^{m}a'_{ij}\leqslant\sum_{j=1}^{n}\prod_{i=1}^{m}a_{ij}$;

(2) $\prod_{j=1}^{n}\sum_{i=1}^{m}a'_{ij}\geqslant\prod_{j=1}^{n}\sum_{i=1}^{m}a_{ij}$.

以上两式分别简称为 $S$ 不等式和 $T$ 不等式. 此处，$0\leqslant a_{i1}\leqslant a_{i2}\leqslant\cdots\leqslant a_{in}$，$a'_{i1}\ a'_{i2}\ \cdots\ a'_{in}$是$a_{i1},a_{i2},\cdots,a_{in}$的任意排列($i=1,2,\cdots,m$).

为了便于理解、记忆和应用微微对偶不等式，我们考虑 $m\times n$ 个数排成的两个矩阵($a_{i1}\leqslant a_{i2}\leqslant\cdots\leqslant a_{in}$，$i=1,2,\cdots,m$)：

$$\mathbf{A}=\begin{pmatrix}a_{11} & a_{12} & \cdots & a_{1n}\\ a_{21} & a_{22} & \cdots & a_{2n}\\ \vdots & \vdots & & \vdots\\ a_{m1} & a_{m2} & \cdots & a_{mn}\end{pmatrix},$$

$$\mathbf{A}'=\begin{pmatrix}a'_{11} & a'_{12} & \cdots & a'_{1n}\\ a'_{21} & a'_{22} & \cdots & a'_{2n}\\ \vdots & \vdots & & \vdots\\ a'_{m1} & a'_{m2} & \cdots & a'_{mn}\end{pmatrix},$$

其中 $\boldsymbol{A}'$的第 1,2,…,$m$ 行的数,还分别是 $\boldsymbol{A}$ 的第 1,2,…,$m$ 行的数,只是改变了排列次序.我们称 $\boldsymbol{A}$ 是同序矩阵,$\boldsymbol{A}'$是$\boldsymbol{A}$ 的乱序矩阵.

$S$ 不等式就是

$$\boldsymbol{A}' \text{ 的列积和} \leqslant \boldsymbol{A} \text{ 的列积和},$$

记作

$$S(\boldsymbol{A}') \leqslant S(\boldsymbol{A}).$$

$T$ 不等式就是

$$\boldsymbol{A}' \text{ 的列和积} \geqslant \boldsymbol{A} \text{ 的列和积},$$

记作

$$T(\boldsymbol{A}') \geqslant T(\boldsymbol{A}).$$

为了应用方便起见,我们对一般矩阵再作一些说明.设

$$\boldsymbol{A} = \begin{pmatrix} a_{11} & a_{12} & \cdots & a_{1n} \\ a_{21} & a_{22} & \cdots & a_{2n} \\ \vdots & \vdots & & \vdots \\ a_{m1} & a_{m2} & \cdots & a_{mn} \end{pmatrix},$$

可简记为 $\boldsymbol{A}=(a_{ij})_{m\times n}$.

$\boldsymbol{A}$ 中每行的数在该行任意交换位置,可排出$(n!)^m$ 个矩阵,都叫作 $\boldsymbol{A}$ 的乱序矩阵,其中有一个矩阵,每行都从左到右、由小到大地排列,这个矩阵叫作 $\boldsymbol{A}$ 的同序矩阵.若矩阵 $\boldsymbol{A}$ 的乱序矩阵可经行行交换或列列交换变出 $\boldsymbol{A}$ 的同序矩阵,则这个矩阵叫作 $\boldsymbol{A}$ 的可同序矩阵.显然,$\boldsymbol{A}$ 的列积和或列和积与$\boldsymbol{A}$ 的行行交换或列列交换无关.

下面的等式显然成立.

$$S((\alpha_i a_{ij})) = \alpha_1\alpha_2\cdots\alpha_m S((a_{ij})),$$

$$T((\alpha_i a_{ij})) = \alpha_1\alpha_2\cdots\alpha_m T((a_{ij})).$$

$\boldsymbol{A}$ 的有限个乱序矩阵的列积和中，必有一个最大者，就是 $\boldsymbol{A}$ 的同序矩阵的列积和. $\boldsymbol{A}$ 的有限个乱序矩阵的列和积中，必有一个最小者，就是 $\boldsymbol{A}$ 的同序矩阵的列和积.

设 $\boldsymbol{A}=(a_{ij})$ 中每一个 $a_{ij}\geqslant 0$，则微微对偶不等式即为

$$S(\boldsymbol{A}\text{ 的乱序矩阵})\leqslant S(\boldsymbol{A}\text{ 的可同序矩阵}),$$

$$T(\boldsymbol{A}\text{ 的乱序矩阵})\geqslant T(\boldsymbol{A}\text{ 的可同序矩阵}).$$

## 1.2 证明

若 $\boldsymbol{A}'$ 是 $\boldsymbol{A}$ 的可同序矩阵，则

$$S(\boldsymbol{A}') = S(\boldsymbol{A}),\quad T(\boldsymbol{A}') = T(\boldsymbol{A}).$$

否则，可令 $\boldsymbol{A}'$ 中有 $i<j$，使得

$$a'_{ki} > a'_{kj}\quad (k = 1,2,\cdots,l),$$

$$a'_{ki} \leqslant a'_{kj}\quad (k = l+1,l+2,\cdots,m),$$

则可经 $\boldsymbol{A}'$ 改造出 $\boldsymbol{A}''=(a''_{ij})$，其中

$$a''_{ki} = a'_{kj} < a''_{kj} = a'_{ki}\quad (k = 1,2,\cdots,l).$$

其余 $a''_{si} = a'_{si}$.

令

$$a'_{1i}\cdots a'_{li} = a > b = a'_{1j}\cdots a'_{lj},$$

$$a'_{l+1,i}\cdots a'_{mi} = c \leqslant d = a'_{l+1,j}\cdots a'_{mj},$$

$$a'_{1i}+\cdots+a'_{li} = x > y = a'_{1j}+\cdots+a'_{lj},$$

$$a'_{l+1,i}+\cdots+a'_{mi} = z \leqslant w = a'_{l+1,j}+\cdots+a'_{mj},$$

则

$$
\begin{aligned}
S(\boldsymbol{A}'') - S(\boldsymbol{A}') &= (ad + bc) - (ac + bd) \\
&= (a - b)(d - c) \\
&\geqslant 0,
\end{aligned}
$$

$$
\begin{aligned}
& T(\boldsymbol{A}'') - T(\boldsymbol{A}') \\
& \quad = [(x + w)(y + z) - (x + z)(y + w)] \prod_{\substack{r=1 \\ i \neq r \neq j}}^{n} \left(\sum_{k=1}^{m} a'_{kr}\right) \\
& \quad = (x - y)(z - w) \prod_{\substack{r=1 \\ i \neq r \neq j}}^{n} \sum_{k=1}^{m} a'_{kr} \\
& \quad \leqslant 0.
\end{aligned}
$$

因此

$$S(\boldsymbol{A}') \leqslant S(\boldsymbol{A}''), \quad T(\boldsymbol{A}') \geqslant T(\boldsymbol{A}'').$$

这就是说，$\boldsymbol{A}'$可经过有限次“保乱规”的改造到 $\boldsymbol{A}$，且保向：

$$
\begin{aligned}
& S(\boldsymbol{A}') \leqslant S(\boldsymbol{A}'') \leqslant \cdots \leqslant S(\boldsymbol{A}^{x}) = S(\boldsymbol{A}), \\
& T(\boldsymbol{A}') \geqslant T(\boldsymbol{A}'') \geqslant \cdots \geqslant T(\boldsymbol{A}^{y}) = T(\boldsymbol{A}).
\end{aligned}
$$

得证.

注意，证明中“$a > b, c \leqslant d$”必须用 $a_{ij} \geqslant 0$，但当 $m = 2$ 时，不必用 $a_{ij} \geqslant 0$. 因此，当 $m = 2$ 时，$S$ 不等式中 $a_{ij}$ 的非负条件可以取消. 在 $T$ 不等式中，虽然“$x > y, z \leqslant w$”不必用 $a_{ij} \geqslant 0$，但要涉及另一个因子的符号，因此，在 $T$ 不等式中，一般来说，不宜取消 $a_{ij}$ 的非负性条件. 所以，在两行矩阵中，如无特别申明，总是不加非负条件去研究 $S$ 不等式，而附加非负条件去研究 $T$ 不等式，下面不再一一强调.

## 1.3　两行的情形

设

$$\boldsymbol{A}=\begin{pmatrix} a_0 & a_1 & \cdots & a_n \\ b_0 & b_1 & \cdots & b_n \end{pmatrix}$$

$$(a_0\leqslant a_1\leqslant\cdots\leqslant a_n,b_0\leqslant b_1\leqslant\cdots\leqslant b_n),$$

$$\boldsymbol{B}=\begin{pmatrix} a_0 & a_1 & \cdots & a_n \\ b_{i0} & b_{i1} & \cdots & b_{in} \end{pmatrix}$$

$$(a_0\leqslant a_1\leqslant\cdots\leqslant a_n,b_{i0}\leqslant b_{i1}\leqslant\cdots\leqslant b_{in}),$$

$$\boldsymbol{C}=\begin{pmatrix} a_0 & a_1 & \cdots & a_n \\ b_n & b_{n-1} & \cdots & b_0 \end{pmatrix}$$

$$(a_0\leqslant a_1\leqslant\cdots\leqslant a_n,b_n\geqslant b_{n-1}\geqslant\cdots\geqslant b_0),$$

其中 $i_0\ i_1\cdots\ i_n$ 是 $0,1,\cdots,n$ 的一个排列.

$\boldsymbol{A}$ 是同序两行矩阵,$\boldsymbol{B}$ 是 $\boldsymbol{A}$ 的乱序矩阵,$\boldsymbol{C}$ 叫作 $\boldsymbol{A}$ 的全反序矩阵.

$\boldsymbol{A},\boldsymbol{B},\boldsymbol{C}$ 间有如下不等式关系:

$$S(\boldsymbol{A})\geqslant S(\boldsymbol{B})\geqslant S(\boldsymbol{C}),$$

即

$$\sum_{k=0}^{n}a_kb_k\geqslant\sum_{k=0}^{n}a_kb_{ik}\geqslant\sum_{k=0}^{n}a_kb_{n-k}.$$

若 $a_j+b_{ij}\geqslant 0(i,j=0,1,\cdots,n)$,则

$$T(\boldsymbol{A})\leqslant T(\boldsymbol{B})\leqslant T(\boldsymbol{C}),$$

即

$$\prod_{k=0}^{n}(a_k+b_k)\leqslant\prod_{k=0}^{n}(a_k+b_{ik})\leqslant\prod_{k=0}^{n}(a_k+b_{n-k}).$$

上面已证 $S(\boldsymbol{A})\geqslant S(\boldsymbol{B})$,$T(\boldsymbol{A})\leqslant T(\boldsymbol{B})$,下面类似地证明

$$S(\boldsymbol{B})\geqslant S(\boldsymbol{C}),\quad T(\boldsymbol{B})\leqslant T(\boldsymbol{C}).$$

可令 $\boldsymbol{B}$ 中有子矩阵 $\begin{pmatrix} a_k & a_r \\ b_{ik} & b_{ir} \end{pmatrix}$($a_k\leqslant a_r$,$b_{ik}\leqslant b_{ir}$),在 $\boldsymbol{B}$ 中把 $b_{ik}$ 与 $b_{ir}$ 换位,其余不动,这样把 $\boldsymbol{B}$ 改造成另一个 $\boldsymbol{B}'$,则

$$\begin{aligned} S(\boldsymbol{B}')-S(\boldsymbol{B}) &= (a_kb_{ir}+a_rb_{ik})-(a_kb_{ik}+a_rb_{ir}) \\ &= (a_k-a_r)(b_{ir}-b_{ik}) \\ &\leqslant 0, \end{aligned}$$

$$\begin{aligned} T(\boldsymbol{B}')-T(\boldsymbol{B}) &= (a_k-a_r)(b_{ik}-b_{ir})\prod_{\substack{t=0\\ k\neq t\neq r}}^{n}(a_t+b_{it}) \\ &\geqslant 0. \end{aligned}$$

因此

$$S(\boldsymbol{B})\geqslant S(\boldsymbol{B}'),\quad T(\boldsymbol{B})\leqslant T(\boldsymbol{B}').$$

从而 $\boldsymbol{B}$ 可经有限次“保乱规”的改造到 $\boldsymbol{C}$,且保向:

$$S(\boldsymbol{B})\geqslant S(\boldsymbol{B}')\geqslant\cdots\geqslant S(\boldsymbol{B}^x)=S(\boldsymbol{C}),$$

$$T(\boldsymbol{B})\leqslant T(\boldsymbol{B}')\leqslant\cdots\leqslant T(\boldsymbol{B}^y)=T(\boldsymbol{C}).$$

得证.

因为 $S$ 不等式在两行矩阵中无 $a_{ij}$ 的非负条件,所以可直接利用 $S(\boldsymbol{A})\geqslant S(\boldsymbol{B})$ 来证明 $S(\boldsymbol{B})\geqslant S(\boldsymbol{C})$.

事实上,令

$$\boldsymbol{B}'=\begin{pmatrix} a_0 & a_1 & \cdots & a_n \\ -b_{i0} & -b_{i1} & \cdots & -b_{in} \end{pmatrix}$$

$$(a_0\leqslant a_1\leqslant\cdots\leqslant a_n),$$

则

$$C' = \begin{pmatrix} a_0 & a_1 & \cdots & a_n \\ -b_n & -b_{n-1} & \cdots & -b_0 \end{pmatrix}$$

$$(a_0 \leqslant a_1 \leqslant \cdots \leqslant a_n, -b_n \leqslant -b_{n-1} \leqslant \cdots \leqslant -b_0)$$

是 $\boldsymbol{B}'$ 的同序矩阵,因此

$$S(\boldsymbol{C}') \geqslant S(\boldsymbol{B}'),$$

即

$$-S(\boldsymbol{C}) \geqslant -S(\boldsymbol{B}),$$

从而

$$S(\boldsymbol{B}) \geqslant S(\boldsymbol{C}).$$

按照上述证明思路,不难用以下 6 个 2×3 矩阵

$$\boldsymbol{A}_1 = \begin{pmatrix} a_1 & a_2 & a_3 \\ b_1 & b_2 & b_3 \end{pmatrix} \quad (a_1 \leqslant a_2 \leqslant a_3, b_1 \leqslant b_2 \leqslant b_3),$$

$$\boldsymbol{A}_2 = \begin{pmatrix} a_1 & a_2 & a_3 \\ b_1 & b_3 & b_2 \end{pmatrix} \quad (a_1 \leqslant a_2 \leqslant a_3),$$

$$\boldsymbol{A}_3 = \begin{pmatrix} a_1 & a_2 & a_3 \\ b_2 & b_1 & b_3 \end{pmatrix} \quad (a_1 \leqslant a_2 \leqslant a_3),$$

$$\boldsymbol{A}_4 = \begin{pmatrix} a_1 & a_2 & a_3 \\ b_2 & b_3 & b_1 \end{pmatrix} \quad (a_1 \leqslant a_2 \leqslant a_3),$$

$$\boldsymbol{A}_5 = \begin{pmatrix} a_1 & a_2 & a_3 \\ b_3 & b_1 & b_2 \end{pmatrix} \quad (a_1 \leqslant a_2 \leqslant a_3),$$

$$\boldsymbol{A}_6 = \begin{pmatrix} a_1 & a_2 & a_3 \\ b_3 & b_2 & b_1 \end{pmatrix} \quad (a_1 \leqslant a_2 \leqslant a_3, b_3 \geqslant b_2 \geqslant b_1)$$

构造 26 个(13 个 $S$ 的,13 个 $T$ 的)不等式,可用箭头表示,如图 1.1 所示.其中 $a_i, b_i > 0 (i=1,2,3)$;$(i \quad j \quad k)$表示矩阵

$\begin{pmatrix} a_1 & a_2 & a_3 \\ b_i & b_j & b_k \end{pmatrix}$. 每个箭头表示一个 $S$ 不等式(朝箭头方向增大)和一个 $T$ 不等式(朝箭头方向减小).

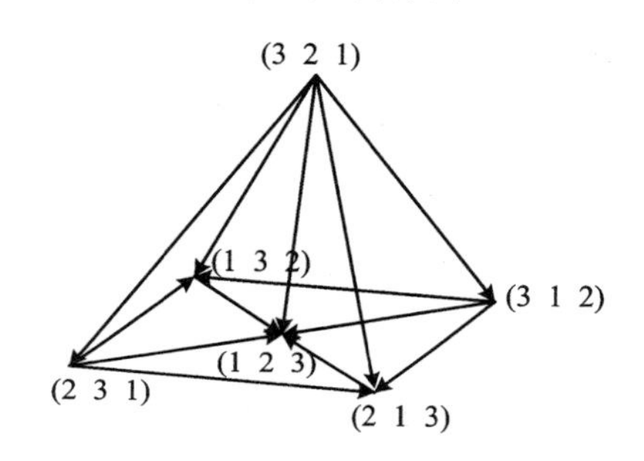


图 1.1

## 1.4 一些简单例子

**例 1** 求证:

(1) $a^2+b^2\geqslant 2ab$;

(2) $4ab\leqslant(a+b)^2$.

**证** 因为 $\boldsymbol{A}=\begin{pmatrix} a & b \\ a & b \end{pmatrix}$是可同序矩阵, $\boldsymbol{B}=\begin{pmatrix} a & b \\ b & a \end{pmatrix}$是乱序矩阵, 所以得 $S(\boldsymbol{A})\geqslant S(\boldsymbol{B})$, 即(1); $T(\boldsymbol{A})\leqslant T(\boldsymbol{B})$, 即(2).

**例 2** 求证:

(1) $x^2+y^2+z^2\geqslant xy+yz+zx$;

(2) $8xyz\leqslant(x+y)(y+z)(z+x)$.

**证** 因为 $\boldsymbol{A}=\begin{pmatrix} x & y & z \\ x & y & z \end{pmatrix}$是可同序矩阵, $\boldsymbol{B}=\begin{pmatrix} x & y & z \\ z & x & y \end{pmatrix}$

是 $\boldsymbol{A}$ 的乱序矩阵，所以得 $S(\boldsymbol{A})\geqslant S(\boldsymbol{B})$，即(1)；$T(\boldsymbol{A})\leqslant T(\boldsymbol{B})$，即(2).

**例 3**　某电报房有固定座席 $n+1$ 个：$A_0,A_1,\cdots,A_n$，每座席 $A_i$ 有一个收报机用来收城市 $B_j$ 发来的电报.收报机需将每份来报自动放到传送带上，传到集中分发台，再按需要发到相应的地方.今知座席 $A_0,A_1,\cdots,A_n$ 将来报传到集中分发台所需时间为 $a_0\leqslant a_1\leqslant\cdots\leqslant a_n$.城市 $B_0,B_1,\cdots,B_n$ 的来报量为 $b_0\leqslant b_1\leqslant\cdots\leqslant b_n$.试问哪个座席收到哪个城市的报，可使到集中分发台的总时间 $t$ 最小?

**解**　设 $A_k$ 收 $B_{ik}$ 的报，则

$$t=S\begin{pmatrix}a_0 & a_1 & \cdots & a_n\\ b_{i0} & b_{i1} & \cdots & b_{in}\end{pmatrix}\quad(a_0\leqslant a_1\leqslant\cdots\leqslant a_n)$$

$$\geqslant S\begin{pmatrix}a_0 & a_1 & \cdots & a_n\\ b_n & b_{n-1} & \cdots & b_0\end{pmatrix}$$

$$(a_0\leqslant a_1\leqslant\cdots\leqslant a_n,b_n\geqslant b_{n-1}\geqslant\cdots\geqslant b_0)$$

$$=\sum_{k=0}^{n}a_kb_{n-k}.$$

因此，所需时间少的座席收来报量多的城市的报最好.

**例 4**　若 $\triangle A_1A_2A_3$ 三边长为 $a_k$，相应高为 $h_k(k=1,2,3)$，面积为 $\Delta$，$i_1i_2i_3$ 是 1,2,3 的排列，则

$$\sum_{k=1}^{3}a_kh_{i_k}\geqslant 6\Delta.$$

**证**　考虑

$$\boldsymbol{A}=\begin{pmatrix}a_1 & a_2 & a_3\\ h_1 & h_2 & h_3\end{pmatrix}\quad(a_1\leqslant a_2\leqslant a_3,h_1\geqslant h_2\geqslant h_3),$$

$$B=\begin{pmatrix} a_1 & a_2 & a_3 \\ h_{i_1} & h_{i_2} & h_{i_3} \end{pmatrix} \quad (a_1\leqslant a_2\leqslant a_3).$$

由 $S(\boldsymbol{B})\geqslant S(\boldsymbol{A})$得证.

**例 5** 在$\triangle ABC$中,求证:

$$a\sin A+b\sin B+c\sin C\geqslant h_a+h_b+h_c.$$

**证** 矩阵

$$\boldsymbol{M}=\begin{pmatrix} a & b & c \\ \sin A & \sin B & \sin C \end{pmatrix}$$

可同序,$\boldsymbol{M}'=\begin{pmatrix} a & b & c \\ \sin C & \sin A & \sin B \end{pmatrix}$是 $\boldsymbol{M}$ 的乱序矩阵. 由 $S(\boldsymbol{M})\geqslant S(\boldsymbol{M}')=h_a+h_b+h_c$ 得证.

**例 6** 设 $a,b,c>0$,证明:

(1) $a^3+b^3+c^3\geqslant 3abc$;

(2) $(a+b+c)^3\geqslant 27abc$;

(3) $a^3+b^3+c^3\geqslant a^2b+b^2c+c^2a$;

(4) $(2a+b)(2b+c)(2c+a)\geqslant 27abc$;

(5) $a^4+b^4+c^4\geqslant abc(a+b+c)$.

**证** 设

$$\boldsymbol{A}=\begin{pmatrix} a & b & c \\ a & b & c \\ a & b & c \end{pmatrix},\quad \boldsymbol{B}=\begin{pmatrix} a & b & c \\ c & a & b \\ b & c & a \end{pmatrix},$$

$$\boldsymbol{C}=\begin{pmatrix} a & b & c \\ a & b & c \\ b & c & a \end{pmatrix},\quad \boldsymbol{D}=\begin{pmatrix} a & b & c \\ a & b & c \\ a & b & c \\ a & b & c \end{pmatrix}.$$

易知：

$S(\boldsymbol{A})\geqslant S(\boldsymbol{B})$，即(1)；

$T(\boldsymbol{B})\geqslant T(\boldsymbol{A})$，即(2)；

$S(\boldsymbol{A})\geqslant S(\boldsymbol{C})$，即(3)；

$T(\boldsymbol{C})\geqslant T(\boldsymbol{A})$，即(4).

在 $\boldsymbol{D}$ 中，第一行变为$(c\quad a\quad b)$，第二行变为$(b\quad c\quad a)$，第三、第四行不动，得 $\boldsymbol{D}'$.易得 $S(\boldsymbol{D})\geqslant S(\boldsymbol{D}')$，即(5).

值得注意的是，若$\triangle ABC$ 中，$a,b,c$ 是三边长，$s$ 是半周长，$\Delta$ 是面积，则由此可得$(s-a)^4+(s-b)^4+(s-c)^4\geqslant\Delta^2$.事实上，左边$\geqslant(s-a)(s-b)(s-c)\cdot s=\Delta^2$.

**例 7**　若 $a,b,c>0,\alpha,\beta,\gamma$ 是长方体对角线与其同一端点出发的三条棱的夹角，则

$$\begin{aligned}abc\leqslant&(a\cos^2\alpha+b\cos^2\beta+c\cos^2\gamma)\\&\cdot(a\cos^2\gamma+b\cos^2\alpha+c\cos^2\beta)\\&\cdot(a\cos^2\beta+b\cos^2\gamma+c\cos^2\alpha).\end{aligned}$$

**证**　矩阵

$$\boldsymbol{A}=\begin{pmatrix}a\cos^2\alpha & b\cos^2\alpha & c\cos^2\alpha\\ a\cos^2\beta & b\cos^2\beta & c\cos^2\beta\\ a\cos^2\gamma & b\cos^2\gamma & c\cos^2\gamma\end{pmatrix}$$

可同序，

$$\boldsymbol{B}=\begin{pmatrix}a\cos^2\alpha & b\cos^2\alpha & c\cos^2\alpha\\ b\cos^2\beta & c\cos^2\beta & a\cos^2\beta\\ c\cos^2\gamma & a\cos^2\gamma & b\cos^2\gamma\end{pmatrix}$$

是乱序矩阵.

注意到

$$\cos^2\alpha + \cos^2\beta + \cos^2\gamma = 1,$$

由 $T(\boldsymbol{A}) \leqslant T(\boldsymbol{B})$得证.

**例 8** 在$\triangle ABC$中,求证:

(1) $\sin A + \sin B + \sin C \leqslant 2 + \sin A \sin B \sin C$;

(2) $\sin A + \sin B + \sin C$

$$\leqslant \frac{1}{9}(2 + \sin A)(2 + \sin B)(2 + \sin C).$$

**证** 矩阵

$$\boldsymbol{D} = \begin{pmatrix} \sin A & 1 & 1 \\ \sin B & 1 & 1 \\ \sin C & 1 & 1 \end{pmatrix}$$

是同序的,

$$\boldsymbol{D}' = \begin{pmatrix} \sin A & 1 & 1 \\ 1 & \sin B & 1 \\ 1 & 1 & \sin C \end{pmatrix}$$

是 $\boldsymbol{D}$ 的乱序矩阵.

由此得 $S(\boldsymbol{D}') \leqslant S(\boldsymbol{D})$,即(1);$T(\boldsymbol{D}) \leqslant T(\boldsymbol{D}')$,即(2).

**例 9** 求证:若 $a, b, c > 0$,$n, k$ 是自然数,则

$$3(a^n + b^n + c^n) \geqslant (a^k + b^k + c^k)(a^{n-k} + b^{n-k} + c^{n-k}).$$

**证** 矩阵

$$A=\begin{pmatrix} a & a & a & b & b & b & c & c & c \\ a & a & a & b & b & b & c & c & c \\ \vdots & \vdots & \vdots & \vdots & \vdots & \vdots & \vdots & \vdots & \vdots \\ a & a & a & b & b & b & c & c & c \end{pmatrix}_{n\times 9}$$

可同序.重排 $\boldsymbol{A}$,使 $a$ 所在的列为 $n-k$ 个 $a$ 加 $k$ 个 $a$,$k$ 个 $b$,$k$ 个 $c$;$b$ 所在的列为 $n-k$ 个 $b$ 加 $k$ 个 $b$,$k$ 个 $a$,$k$ 个 $c$;$c$ 所在的列为 $n-k$ 个 $c$ 加 $k$ 个 $c$,$k$ 个 $a$,$k$ 个 $b$,得 $\boldsymbol{B}$.

由 $S(\boldsymbol{A})\geqslant S(\boldsymbol{B})$得证.

类似地,有

$$m\sum_{i=1}^{m}a_i^n\geqslant\Big(\sum_{i=1}^{m}a_i^k\Big)\Big(\sum_{i=1}^{m}a_i^{n-k}\Big).$$

**例 10** 求证:若 $0<a\leqslant b\leqslant c$,$abc=1$,则

$$\frac{a^3}{b+c}+\frac{b^3}{c+a}+\frac{c^3}{a+b}\geqslant\frac{1}{b+c}+\frac{1}{c+a}+\frac{1}{a+b}.$$

**证** 令

$$A=\begin{pmatrix} a & b & c \\ a & b & c \\ a & b & c \\ \frac{1}{b+c} & \frac{1}{c+a} & \frac{1}{a+b} \end{pmatrix},$$

$$B=\begin{pmatrix} a & b & c \\ b & c & a \\ c & a & b \\ \frac{1}{b+c} & \frac{1}{c+a} & \frac{1}{a+b} \end{pmatrix}.$$

由 $0<a\leqslant b\leqslant c$，可得 $a+b\leqslant a+c\leqslant b+c$，从而有 $\frac{1}{b+c}\leqslant\frac{1}{c+a}\leqslant\frac{1}{a+b}$. 因此 $\boldsymbol{A}$ 可同序，$B$ 是乱序的. 所以 $S(\boldsymbol{A})\geqslant S(\boldsymbol{B})$，得证.

**例 11** 求证 W. Janons 猜想：若 $0<x\leqslant y\leqslant z$，则

$$\frac{y^2-x^2}{z+x}+\frac{z^2-y^2}{x+y}+\frac{x^2-z^2}{y+z}\geqslant 0.$$

**证** 即证

$$\frac{x^2}{y+z}+\frac{y^2}{z+x}+\frac{z^2}{x+y}\geqslant\frac{x^2}{z+x}+\frac{y^2}{x+y}+\frac{z^2}{y+z}.$$

设

$$\boldsymbol{A}=\begin{pmatrix} x^2 & y^2 & z^2 \\ \frac{1}{y+z} & \frac{1}{z+x} & \frac{1}{x+y} \end{pmatrix},$$

$$\boldsymbol{B}=\begin{pmatrix} x^2 & y^2 & z^2 \\ \frac{1}{z+x} & \frac{1}{x+y} & \frac{1}{y+z} \end{pmatrix}.$$

由 $x\leqslant y\leqslant z$，可得 $x+y\leqslant x+z\leqslant y+z$，$\frac{1}{y+z}\leqslant\frac{1}{z+x}\leqslant\frac{1}{x+y}$. 因此 $\boldsymbol{A}$ 可同序，$\boldsymbol{B}$ 是乱序的，$S(\boldsymbol{A})\geqslant S(\boldsymbol{B})$，$S(\boldsymbol{A})-S(\boldsymbol{B})\geqslant 0$. 得证.

**例 12**（W. Janons 猜想的推广） 求证：若 $0<x\leqslant y\leqslant z$，则

$$\frac{y^\alpha-x^\alpha}{z^\beta+x^\beta}+\frac{z^\alpha-y^\alpha}{x^\beta+y^\beta}+\frac{x^\alpha-z^\alpha}{y^\beta+z^\beta}\geqslant 0.$$

**证** 即证

$$\frac{x^{\alpha}}{y^{\beta}+z^{\beta}}+\frac{y^{\alpha}}{z^{\beta}+x^{\beta}}+\frac{z^{\alpha}}{x^{\beta}+y^{\beta}}$$

$$\geqslant \frac{x^{\alpha}}{z^{\beta}+x^{\beta}}+\frac{y^{\alpha}}{x^{\beta}+y^{\beta}}+\frac{z^{\alpha}}{y^{\beta}+z^{\beta}}.$$

令

$$\boldsymbol{A}=\begin{pmatrix} x^{\alpha} & y^{\alpha} & z^{\alpha} \\ \dfrac{1}{y^{\beta}+z^{\beta}} & \dfrac{1}{z^{\beta}+x^{\beta}} & \dfrac{1}{x^{\beta}+y^{\beta}} \end{pmatrix},$$

$$\boldsymbol{B}=\begin{pmatrix} x^{\alpha} & y^{\alpha} & z^{\alpha} \\ \dfrac{1}{z^{\beta}+x^{\beta}} & \dfrac{1}{x^{\beta}+y^{\beta}} & \dfrac{1}{y^{\beta}+z^{\beta}} \end{pmatrix}.$$

由 $x\leqslant y\leqslant z$，可得 $x^{\beta}\leqslant y^{\beta}\leqslant z^{\beta}$，从而有

$$y^{\beta}+z^{\beta}\geqslant z^{\beta}+x^{\beta}\geqslant x^{\beta}+y^{\beta},$$

$$\frac{1}{y^{\beta}+z^{\beta}}\leqslant\frac{1}{z^{\beta}+x^{\beta}}\leqslant\frac{1}{x^{\beta}+y^{\beta}}.$$

因此 $\boldsymbol{A}$ 是同序的，$\boldsymbol{B}$ 是乱序的．所以 $S(\boldsymbol{A})\geqslant S(\boldsymbol{B})$，$S(\boldsymbol{A})-S(\boldsymbol{B})\geqslant 0$．得证．

特别令 $\alpha=2,\beta=1$，得 W. Janons 猜想．

令 $\alpha=\beta=1$，得

$$\frac{y-x}{z+x}+\frac{z-y}{x+y}+\frac{x-z}{y+z}\geqslant 0.$$

**例 13**　在 $ABCD$ 中，$AD\,/\!/\,BC$，$P$ 是对角线的交点(图 1.2)，求证：

$$(PA+PB)(PC+PD)\geqslant AC\cdot BD.$$

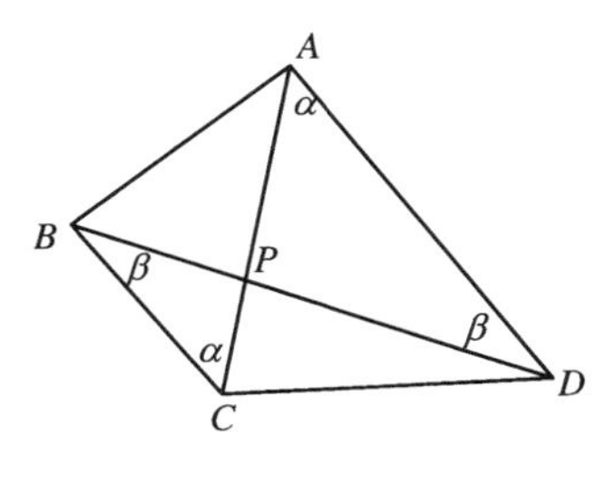

**图 1.2**

**证**　因为$\dfrac{PA}{PD}=\dfrac{\sin\beta}{\sin\alpha}=\dfrac{PC}{PB}$，所以 $\boldsymbol{M}=\begin{pmatrix} PA & PD \\ PC & PB \end{pmatrix}$可同序，从而 $T\begin{pmatrix} PA & PD \\ PB & PC \end{pmatrix}\geqslant T(\boldsymbol{M})$. 得证.

**例 14**　求证：若 $0<a\leqslant b\leqslant c\leqslant 1$，则

$$a^3+b^3+c^3+2\geqslant a+ab+abc+bc+c.$$

**证**　设

$$\boldsymbol{A}=\begin{pmatrix} a & b & c & 1 & 1 \\ a & b & c & 1 & 1 \\ a & b & c & 1 & 1 \end{pmatrix},\quad \boldsymbol{B}=\begin{pmatrix} a & b & c & 1 & 1 \\ 1 & a & b & c & 1 \\ 1 & 1 & a & b & c \end{pmatrix}.$$

由 $S(\boldsymbol{A})\geqslant S(\boldsymbol{B})$即得.

**例 15**　求证：若 $x\geqslant y\geqslant z>0$，$x+y+z=1$，则

$$\frac{x}{1-x}+\frac{y}{1-y}+\frac{z}{1-z}\geqslant\frac{3}{2}.$$

**证**　即证

$$\frac{x}{y+z}+\frac{y}{z+x}+\frac{z}{x+y}\geqslant\frac{3}{2}.$$

令

$$\boldsymbol{A}=\begin{pmatrix} x & y & z \\ \dfrac{1}{y+z} & \dfrac{1}{z+x} & \dfrac{1}{x+y} \end{pmatrix},$$

$$\boldsymbol{B}=\begin{pmatrix} y & z & x \\ \dfrac{1}{y+z} & \dfrac{1}{z+x} & \dfrac{1}{x+y} \end{pmatrix},$$

$$\boldsymbol{C}=\begin{pmatrix} z & x & y \\ \dfrac{1}{y+z} & \dfrac{1}{z+x} & \dfrac{1}{x+y} \end{pmatrix}.$$

易知 $\boldsymbol{A}$ 为同序的,所以 $S(\boldsymbol{A})\geqslant S(\boldsymbol{B}), S(\boldsymbol{A})\geqslant S(\boldsymbol{C}), 2S(\boldsymbol{A})\geqslant S(\boldsymbol{B})+S(\boldsymbol{C})=3$. 从而得 $S(A)\geqslant\dfrac{3}{2}$. 得证.

注意,即证不等式的证明没有用到"$x+y+z=1$".

**例 16**　求证瓦西列夫不等式:若 $a\geqslant b\geqslant c>0, a+b+c=1$,则

$$\frac{a^2+b}{b+c}+\frac{b^2+c}{c+a}+\frac{c^2+a}{a+b}\geqslant 2.$$

**证**　由题设知

$$\frac{a^2}{b+c}=\frac{a^2}{1-a}=\frac{1}{1-a}-(1+a)$$

$$=\frac{1}{b+c}-(1+a).$$

同理,可知

$$\frac{b^2}{c+a}=\frac{1}{c+a}-(1+b),$$

$$\frac{c^2}{a+b}=\frac{1}{a+b}-(1+c),$$

所以原式可化为

$$\frac{b+1}{b+c}+\frac{c+1}{c+a}+\frac{a+1}{a+b}-4\geqslant 2,$$

即

$$\frac{a+2b+c}{b+c}+\frac{a+b+2c}{c+a}+\frac{2a+b+c}{a+b}-4\geqslant 2.$$

也即

$$\frac{a+b}{b+c}+\frac{b+c}{c+a}+\frac{c+a}{a+b}\geqslant 3.$$

设

$$A=\begin{pmatrix} a+b & a+c & b+c \\ \frac{1}{a+b} & \frac{1}{a+c} & \frac{1}{b+c} \end{pmatrix},$$

$$B=\begin{pmatrix} c+a & b+c & a+b \\ \frac{1}{a+b} & \frac{1}{c+a} & \frac{1}{b+c} \end{pmatrix}.$$

易知 $\boldsymbol{A}$ 是全反序的,所以 $S(\boldsymbol{B})\geqslant S(\boldsymbol{A})$. 得证.

**例 17** 求证:若 $x\geqslant 0$,则

$$f(x)=x^4+x^3-4x^2+x+1\geqslant 0.$$

**证** 本题可用析因法证. 析出 $x^2$,得

$$f(x)=x^2\left(x^2+\frac{1}{x^2}+x+\frac{1}{x}-4\right)$$
$$\geqslant x^2(2+2-4)=0.$$

用排序法证也很有意思. 考虑

$$A=\begin{pmatrix} x & x & x & x & 1 \\ x & x & x & 1 & 1 \\ x & x & 1 & 1 & 1 \\ x & 1 & 1 & 1 & 1 \end{pmatrix},\quad B=\begin{pmatrix} x & x & x & x & 1 \\ x & x & 1 & 1 & x \\ 1 & 1 & x & x & 1 \\ 1 & 1 & 1 & 1 & x \end{pmatrix}.$$

$\boldsymbol{A}$ 是同序的,$\boldsymbol{B}$ 是乱序的. 由 $S(\boldsymbol{A})\geqslant S(\boldsymbol{B})$得

$$x^4+x^3+x^2+x+1\geqslant 5x^2.$$

因此 $f(x)\geqslant 0$.

若考虑 $T(\boldsymbol{A})\leqslant T(\boldsymbol{B})$，可得

$$(2x+2)^5\geqslant 4x(3x+1)(2x+2)(x+3)\cdot 4,$$

即

$$(x+1)^5\geqslant x(3x+1)(x+1)(x+3).$$

**例 18**　若 $x,y>0$，求证：

(1) $x^3+y^3+4\geqslant 3(x+y)$；

(2) $(x+2)(y+2)\geqslant 9\sqrt[3]{xy}$.

**证**　设

$$\boldsymbol{A}=\begin{pmatrix} x & y & 1 & 1 & 1 & 1\\ x & y & 1 & 1 & 1 & 1\\ x & y & 1 & 1 & 1 & 1\end{pmatrix},$$

$$\boldsymbol{B}=\begin{pmatrix} x & y & 1 & 1 & 1 & 1\\ 1 & 1 & x & y & 1 & 1\\ 1 & 1 & 1 & 1 & x & y\end{pmatrix}.$$

$\boldsymbol{A}$ 是同序的，$\boldsymbol{B}$ 是乱序的. 由 $S(\boldsymbol{A})\geqslant S(\boldsymbol{B})$ 得证(1)；由 $T(\boldsymbol{B})\geqslant T(\boldsymbol{A})$ 得证(2).

**例 19**　若 $0<a_1\leqslant a_2\leqslant\cdots\leqslant a_n$，$a_1a_2\cdots a_n\geqslant 1$，证明：

$$a_1^n+a_2^n+\cdots+a_n^n\geqslant a_1^{-1}+a_2^{-1}+\cdots+a_n^{-1}.$$

**证**　巧妙地构造一个矩阵

$$\boldsymbol{A}=\begin{pmatrix} a_1 & a_2 & \cdots & a_n & 1\\ a_1 & a_2 & \cdots & a_n & 1\\ \vdots & \vdots & & \vdots & \vdots\\ a_1 & a_2 & \cdots & a_n & 1\end{pmatrix}_{n\times(n+1)},$$

恰当地排出一个矩阵 $\boldsymbol{A}'$，其中第 $n+1$ 列为 $a_1,a_2,\cdots,a_n$，

第 $i$ 列为 $1,a_1,a_2,\cdots,a_{i-1},a_{i+1},\cdots,a_n(i=1,2,\cdots,n)$. 由 $S(\boldsymbol{A})\geqslant S(\boldsymbol{A}')$ 得

$$S(\boldsymbol{A})=a_1^n+a_2^n+\cdots+a_n^n+1\geqslant S(\boldsymbol{A}')$$
$$=\left(\frac{1}{a_1}+\frac{1}{a_2}+\cdots+\frac{1}{a_n}\right)a_1a_2\cdots a_n+a_1a_2\cdots a_n$$
$$\geqslant a_1^{-1}+a_2^{-1}+\cdots+a_n^{-1}+1.$$

消去 1 即得证.

**例 20**　求证:若 $n$ 是自然数,则

$$\left(1+\frac{1}{n}\right)^n\leqslant n\left(1+\frac{1}{n^2}\right)^n.$$

**证**　令

$$\boldsymbol{A}=\begin{pmatrix}1+\frac{1}{n} & 1 & \cdots & 1\\ 1+\frac{1}{n} & 1 & \cdots & 1\\ \vdots & \vdots & & \vdots\\ 1+\frac{1}{n} & 1 & \cdots & 1\end{pmatrix}_{n\times n},$$

$\boldsymbol{A}$ 是同序的. 调整 $\boldsymbol{A}$,使每列都有 $1+\dfrac{1}{n}$,其余为 1,得 $\boldsymbol{B}$. 由此得 $T(\boldsymbol{A})\leqslant T(\boldsymbol{B})$,即

$$\left(1+\frac{1}{n}\right)^n\cdot n^{n-1}\leqslant\left(n+\frac{1}{n}\right)^n.$$

化简得

$$\left(1+\frac{1}{n}\right)^n\leqslant n\left(1+\frac{1}{n^2}\right)^n.$$

**例 21**　求证:若 $x,y,z>0$,则

$$x^{\alpha+\beta}+y^{\alpha+\beta}+z^{\alpha+\beta}\geqslant x^{\alpha}y^{\beta}+y^{\alpha}z^{\beta}+z^{\alpha}x^{\beta}. \tag{1}$$

令

$$A=\begin{pmatrix}x^{\alpha} & y^{\alpha} & z^{\alpha}\\ x^{\beta} & y^{\beta} & z^{\beta}\end{pmatrix},\quad B=\begin{pmatrix}x^{\alpha} & y^{\alpha} & z^{\alpha}\\ y^{\beta} & z^{\beta} & x^{\beta}\end{pmatrix}.$$

$\boldsymbol{A}$ 是同序的,由 $S(\boldsymbol{A})\geqslant S(\boldsymbol{B})$得证.

罗氏专文在《数学通讯》发表不等式(1),微微专文在《数学通报》发表:若 $x,y,z>0$,则

$$x^{\alpha+\beta+\gamma}+y^{\alpha+\beta+\gamma}+z^{\alpha+\beta+\gamma}\geqslant x^{\alpha}y^{\beta}z^{\gamma}+x^{\gamma}y^{\alpha}z^{\beta}+x^{\beta}y^{\gamma}z^{\alpha}. \tag{2}$$

因为式(1)和式(2)几乎无条件地具有对称美,故式(1)称罗氏不等式,式(2)称微微不等式(见 2.3 节例 10).

**例 22** 求证:若 $0<x\leqslant y\leqslant z$,则

$$\frac{x^{\alpha+\beta}}{y^{\alpha}+z^{\alpha}}+\frac{y^{\alpha+\beta}}{z^{\alpha}+x^{\alpha}}+\frac{z^{\alpha+\beta}}{x^{\alpha}+y^{\alpha}}\geqslant\frac{x^{\beta}+y^{\beta}+z^{\beta}}{2}.$$

**证** 令

$$A=\begin{pmatrix}x^{\beta} & y^{\beta} & z^{\beta}\\ x^{\alpha} & y^{\alpha} & z^{\alpha}\\ \dfrac{1}{y^{\alpha}+z^{\alpha}} & \dfrac{1}{z^{\alpha}+x^{\alpha}} & \dfrac{1}{x^{\alpha}+y^{\alpha}}\end{pmatrix},$$

$\boldsymbol{A}$ 是同序的.调整 $\boldsymbol{A}$,使第一行、第三行不动,第二行为 $z^{\alpha}$,$x^{\alpha}$,$y^{\alpha}$,得 $\boldsymbol{B}$;第二行为 $y^{\alpha}$,$z^{\alpha}$,$x^{\alpha}$,得 $\boldsymbol{C}$.易知

$$2S(\boldsymbol{A})\geqslant S(\boldsymbol{B})+S(\boldsymbol{C})=x^{\beta}+y^{\beta}+z^{\beta}.$$

得证.

令 $\alpha=1,\beta=n-1\geqslant 0$,有

$$\frac{x^n}{y+z}+\frac{y^n}{z+x}+\frac{z^n}{x+y}\geqslant\frac{x^{n-1}+y^{n-1}+z^{n-1}}{2}.$$

此为《中学数学》2000 年第 4 期中的一个深刻结论，可见例 22 何等深刻.

由此例可证：

若 $a,b,c>0$ 且 $abc=1$，则

$$\frac{1}{a^3(b+c)}+\frac{1}{b^3(c+a)}+\frac{1}{c^3(a+b)}\geqslant\frac{3}{2}.$$

事实上，令 $a=\frac{1}{y},b=\frac{1}{z},c=\frac{1}{x}$，则上式化为

$$\frac{x^2}{y+z}+\frac{y^2}{z+x}+\frac{z^2}{x+y}\geqslant\frac{3}{2}.$$

在此例中，令 $\alpha=\beta=1$，即得

$$\frac{x^2}{y+z}+\frac{y^2}{z+x}+\frac{z^2}{x+y}\geqslant\frac{x+y+z}{2}\geqslant\frac{3}{2}\sqrt[3]{xyz}=\frac{3}{2}.$$

由此例也可证：

若 $x\geqslant y\geqslant z>0$，则

$$\frac{x}{y+z}+\frac{y}{z+x}+\frac{z}{x+y}\geqslant\frac{3}{2}.$$

令 $n=1$，即得证.

**例 23** 若 $a,b,c>0$，求证：

(1) $2(a^3+b^3+c^3)$

$\geqslant a^2(b+c)+b^2(c+a)+c^2(a+b)=x$；

(2) $2(a^3+b^3+c^3)$

$\geqslant a(b^2+c^2)+b(c^2+a^2)+c(a^2+b^2)=y$.

**证** 令

$$\boldsymbol{A}=\begin{pmatrix} a & a & b & b & c & c \\ a & a & b & b & c & c \\ a & a & b & b & c & c \end{pmatrix},$$

$$\boldsymbol{B}=\begin{pmatrix} a & a & b & b & c & c \\ a & a & b & b & c & c \\ b & c & c & a & a & b \end{pmatrix}.$$

$\boldsymbol{A}$ 是同序的，$\boldsymbol{B}$ 是乱序的. 由 $S(\boldsymbol{A})\geqslant S(\boldsymbol{B})$ 得(1)；由 $S(\boldsymbol{A})\geqslant S(\boldsymbol{B})$ 得(2).

注意，这里用不同方式求 $S(\boldsymbol{B})$ 得知 $x=y$ 很有趣.

**例 24** 求证：若 $\alpha,\beta,a_1,a_2,\cdots,a_n>0$，则

$$\frac{a_1^\alpha}{a_2^\beta}+\frac{a_2^\alpha}{a_3^\beta}+\cdots+\frac{a_{n-1}^\alpha}{a_n^\beta}+\frac{a_n^\alpha}{a_1^\beta}\geqslant a_1^{\alpha-\beta}+a_2^{\alpha-\beta}+\cdots+a_n^{\alpha-\beta}.$$

**证** 令

$$\boldsymbol{A}=\begin{pmatrix} a_1^\alpha & a_2^\alpha & \cdots & a_{n-1}^\alpha & a_n^\alpha \\ a_2^{-\beta} & a_3^{-\beta} & \cdots & a_n^{-\beta} & a_1^{-\beta} \end{pmatrix},$$

$$\boldsymbol{B}=\begin{pmatrix} a_1^\alpha & a_2^\alpha & \cdots & a_n^\alpha \\ a_1^{-\beta} & a_2^{-\beta} & \cdots & a_n^{-\beta} \end{pmatrix}.$$

由 $T(\boldsymbol{A})\geqslant T(\boldsymbol{B})$ 得证.

特别令 $\alpha=2,\beta=1,n=3,a,b,c>0$，有

$$\frac{a^2}{b}+\frac{b^2}{c}+\frac{c^2}{a}\geqslant a+b+c.$$

**例 25** 求证：若 $a>0,b>0$，则

$$\frac{a^3}{b}+\frac{b^3}{a}\geqslant\frac{1}{2}(a+b)^2.$$

**证** 即证

$$2(a^4+b^4)\geqslant a^3b+2a^2b^2+ab^3.$$

令

$$\boldsymbol{A}=\begin{pmatrix} a & a & b & b\\ a & a & b & b\\ a & a & b & b\\ a & a & b & b \end{pmatrix},\quad \boldsymbol{B}=\begin{pmatrix} a & a & b & b\\ a & a & b & b\\ a & b & a & b\\ b & b & a & a \end{pmatrix}.$$

由 $S(\boldsymbol{A})\geqslant S(\boldsymbol{B})$得证.

**例 26** 求证:

(1) 若 $x_1\geqslant x_2\geqslant\cdots\geqslant x_n\geqslant 1$,则

$$(x_1+2)(x_2+2)\cdots(x_n+2)\leqslant 3^n x_1x_2\cdots x_n;$$

(2) 若 $1\geqslant x_1\geqslant x_2\geqslant\cdots\geqslant x_n>0$,则

$$(x_1+2)(x_2+2)\cdots(x_n+2)\geqslant 3^n x_1x_2\cdots x_n.$$

**证** 令

$$\boldsymbol{A}=\begin{pmatrix} x_1 & x_2 & \cdots & x_n & 1 & 1 & \cdots & 1\\ 1 & 1 & \cdots & 1 & 0 & 0 & \cdots & 0\\ 1 & 1 & \cdots & 1 & 0 & 0 & \cdots & 0 \end{pmatrix}_{2n\times 3},$$

$$\boldsymbol{B}=\begin{pmatrix} 1 & 1 & \cdots & 1 & x_1 & x_2 & \cdots & x_n\\ 1 & 1 & \cdots & 1 & 0 & 0 & \cdots & 0\\ 1 & 1 & \cdots & 1 & 0 & 0 & \cdots & 0 \end{pmatrix}_{2n\times 3}.$$

(1) $\boldsymbol{A}$ 可同序,$T(\boldsymbol{A})\leqslant T(\boldsymbol{B})$,得证.

(2) $\boldsymbol{B}$ 可同序,$T(\boldsymbol{B})\leqslant T(\boldsymbol{A})$,得证.

**例 27** 不变形,一步到位直接证:

(1) 若 $a\geqslant b\geqslant c>0$,则

$$\frac{a}{bc}+\frac{b}{ca}+\frac{c}{ab}\geqslant\frac{1}{a}+\frac{1}{b}+\frac{1}{c};$$

(2) 若 $a\geqslant b\geqslant c>0$,则

$$\frac{a}{b+c}+\frac{b}{c+a}+\frac{c}{a+b}\geqslant\frac{a}{a+c}+\frac{b}{b+a}+\frac{c}{c+b}.$$

**证** 令

$$\boldsymbol{A}=\begin{pmatrix} a & b & c \\ \frac{1}{bc} & \frac{1}{ca} & \frac{1}{ab} \end{pmatrix},\quad \boldsymbol{B}=\begin{pmatrix} a & b & c \\ \frac{1}{ac} & \frac{1}{ba} & \frac{1}{cb} \end{pmatrix}.$$

由 $S(\boldsymbol{A})\geqslant S(\boldsymbol{B})$得证(1).

令

$$\boldsymbol{C}=\begin{pmatrix} a & b & c \\ \frac{1}{b+c} & \frac{1}{c+a} & \frac{1}{a+b} \end{pmatrix},$$

$$\boldsymbol{D}=\begin{pmatrix} a & b & c \\ \frac{1}{a+c} & \frac{1}{b+a} & \frac{1}{c+b} \end{pmatrix}.$$

由 $S(\boldsymbol{C})\geqslant S(\boldsymbol{D})$得证(2).

**例 28** 若 $a\geqslant b\geqslant c>0$,求证:

(1) $a^2b(a+b)+abc(a+c)+c^2b(c+b)$

$\geqslant(a+b)abc+a^2c(a+c)+b^2c(b+c)$;

(2) $(3a+2b)(2a+b+2c)(2b+3c)$

$\leqslant(2a+2b+c)(3a+2c)(2c+3b)$.

**证** 令

$$\boldsymbol{A}=\begin{pmatrix} ab & ac & bc \\ a+b & a+c & b+c \\ a & b & c \end{pmatrix},$$

$$\boldsymbol{B}=\begin{pmatrix} ab & ac & bc \\ a+b & a+c & b+c \\ c & a & b \end{pmatrix}.$$

$\boldsymbol{A}$ 是同序的,$\boldsymbol{B}$ 是乱序的,所以 $S(\boldsymbol{A})\geqslant S(\boldsymbol{B})$,即(1).分别将 $\boldsymbol{A},\boldsymbol{B}$ 的第一行换成 $a+b,a+c,b+c$,得到矩阵 $\boldsymbol{A}',\boldsymbol{B}'$,则由 $T(\boldsymbol{A}')\leqslant T(\boldsymbol{B}')$,即得(2).

**例 29**　求证:若 $a,b,c>0$,则

$$\begin{aligned} & a^3+b^3+c^3+3abc \\ & \quad \geqslant ab(a+b)+bc(b+c)+ca(c+a) \end{aligned}$$

**证**　设 $a\leqslant b\leqslant c$,则

$$\begin{aligned} c^3+abc &= S\begin{pmatrix} a & c \\ bc & c^2 \end{pmatrix} \\ &\geqslant S\begin{pmatrix} a & c \\ c^2 & bc \end{pmatrix}=(a+b)c^2. \end{aligned}$$

同理,可得

$$b^3+abc\geqslant(a+c)b^2,$$
$$a^3+abc\geqslant a^2(b+c).$$

三式相加,得

$$\begin{aligned} & a^3+b^3+c^3+3abc \\ & \quad \geqslant a^2(b+c)+b^2(c+a)+c^2(a+b) \\ & \quad = ab(a+b)+bc(b+c)+ca(c+a). \end{aligned}$$

**例 30**　求证:若 $x\geqslant y\geqslant z\geqslant 1$ 或 $0<x\leqslant y\leqslant z\leqslant 1$,则

$$\begin{aligned} & x^6+y^6+z^6+6 \\ & \quad \geqslant x+y+z+x^2+y^2+z^2+x^3+y^3+z^3. \end{aligned}$$

**证** 令

$$\boldsymbol{A}=\begin{pmatrix} x & y & z & 1 & 1 & 1 & 1 & 1 & 1 \\ x^2 & y^2 & z^2 & 1 & 1 & 1 & 1 & 1 & 1 \\ x^3 & y^3 & z^3 & 1 & 1 & 1 & 1 & 1 & 1 \end{pmatrix},$$

$$\boldsymbol{B}=\begin{pmatrix} x & y & z & 1 & 1 & 1 & 1 & 1 & 1 \\ 1 & 1 & 1 & x^2 & y^2 & z^2 & 1 & 1 & 1 \\ 1 & 1 & 1 & 1 & 1 & 1 & x^3 & y^3 & z^3 \end{pmatrix}.$$

$\boldsymbol{A}$ 是同序的，所以 $S(\boldsymbol{A})\geqslant S(\boldsymbol{B})$. 得证.

# 2　微微对偶不等式的应用

## 2.1　处理一些数学竞赛题

**例 1**　若 $a,b,c>0$,证明:

(1) $a^a b^b c^c \geqslant (abc)^{(a+b+c)/3}$;

(2) $a^{2a} b^{2b} c^{2c} \geqslant a^{b+c} b^{c+a} c^{a+b}$.

**注**　(1)是 1974 年美国第 3 届中学数学竞赛题第 2 题,(2)是 1978 年上海市中学数学决赛题第 3 题.

**证**　因为

$$\boldsymbol{A} = \begin{pmatrix} \ln a & \ln b & \ln c \\ a & b & c \end{pmatrix}$$

可同序,而

$$\boldsymbol{B} = \begin{pmatrix} \ln a & \ln b & \ln c \\ c & a & b \end{pmatrix}, \quad \boldsymbol{C} = \begin{pmatrix} \ln a & \ln b & \ln c \\ b & c & a \end{pmatrix}$$

是 $\boldsymbol{A}$ 的乱序矩阵,所以

$$S(\boldsymbol{A}) \geqslant S(\boldsymbol{B}), \quad S(\boldsymbol{A}) \geqslant S(\boldsymbol{C}),$$

$$3S(\boldsymbol{A}) \geqslant S(\boldsymbol{A}) + S(\boldsymbol{B}) + S(\boldsymbol{C}),$$

$$\ln(a^a b^b c^c)^3 \geqslant \ln(abc)^{a+b+c},$$

$$(a^a b^b c^c)^3 \geqslant (abc)^{a+b+c}.$$

(1)得证.

由 $2S(\boldsymbol{A}) \geqslant S(\boldsymbol{B}) + S(\boldsymbol{C})$ 得

$$(a^a b^b c^c)^2 \geqslant a^{b+c} b^{c+a} c^{a+b}.$$

(2)得证.

**例 2** 设有 10 人各拿提桶一只同到一水龙头前打水，水龙头注满第 $i$ 人的提桶需 $T_i$ 分钟（$i=1,2,\cdots,10$）. 应如何安排此 10 人的次序，才能使他们的总耗时间 $T$ 最小？（1978 年我国中学数学联赛决赛题第 5 题）

**解** 设 $\boldsymbol{A}=\begin{pmatrix}10 & 9 & \cdots & 1\\ T_1 & T_2 & \cdots & T_{10}\end{pmatrix}$ 是乱序的，$\boldsymbol{A}'=\begin{pmatrix}10 & 9 & \cdots & 1\\ T_1' & T_2' & \cdots & T_{10}'\end{pmatrix}$ 是 $\boldsymbol{A}$ 的全反序阵，则 $T=S(\boldsymbol{A})\geqslant S(\boldsymbol{A}')$. 因此应安排需时少的人先打水，此时 $T$ 最小.

**例 3** 已知 $x_1, x_2, \cdots, x_n > 0$，求证：

$$\frac{x_1^2}{x_2}+\frac{x_2^2}{x_3}+\cdots+\frac{x_n^2}{x_1}\geqslant x_1+x_2+\cdots+x_n.$$

（1984 年我国中学数学联赛题第 5 题）

**证** 因为 $\boldsymbol{A}=\begin{pmatrix}x_1^2 & x_2^2 & \cdots & x_n^2\\ x_1^{-1} & x_2^{-1} & \cdots & x_n^{-1}\end{pmatrix}$ 可全反序，$\boldsymbol{B}=\begin{pmatrix}x_1^2 & x_2^2 & \cdots & x_n^2\\ x_2^{-1} & x_3^{-1} & \cdots & x_1^{-1}\end{pmatrix}$ 是 $\boldsymbol{A}$ 的乱序矩阵，由 $S(\boldsymbol{B})\geqslant S(\boldsymbol{A})$ 得证.

一般地，有：

若 $x_1, x_2, \cdots, x_n > 0$，$\alpha, \beta$ 异号，则

$$x_1^{\alpha+\beta}+x_2^{\alpha+\beta}+x_n^{\alpha+\beta}\leqslant x_1^{\alpha}x_{i_1}^{\beta}+x_2^{\alpha}x_{i_2}^{\beta}+\cdots+x_n^{\alpha}x_{i_n}^{\beta},$$

其中 $i_1 i_2 \cdots i_n$ 是 $1,2,\cdots,n$ 的一个排列.

当 $\alpha=2,\beta=-1$ 时,

$$i_1 i_2 \cdots i_n = 2\ 3 \cdots n\ 1,$$

即上述竞赛题.

**例 4** 在$\triangle ABC$ 中,外半径 $R=1$,面积 $\Delta=\frac{1}{4}$,则

$$\sqrt{a}+\sqrt{b}+\sqrt{c}<\frac{1}{a}+\frac{1}{b}+\frac{1}{c}.$$

(1986 年全国联赛题)

**证** $abc=4R\Delta=1$. 令

$$\boldsymbol{D}=\begin{pmatrix} \frac{1}{\sqrt{a}} & \frac{1}{\sqrt{b}} & \frac{1}{\sqrt{c}} \\ \frac{1}{\sqrt{b}} & \frac{1}{\sqrt{c}} & \frac{1}{\sqrt{a}} \end{pmatrix},$$

$$\boldsymbol{E}=\begin{pmatrix} \frac{1}{\sqrt{a}} & \frac{1}{\sqrt{b}} & \frac{1}{\sqrt{c}} \\ \frac{1}{\sqrt{a}} & \frac{1}{\sqrt{b}} & \frac{1}{\sqrt{c}} \end{pmatrix}.$$

由此可得

$$\sqrt{a}+\sqrt{b}+\sqrt{c}=S(\boldsymbol{D})\leqslant S(\boldsymbol{E})=\frac{1}{a}+\frac{1}{b}+\frac{1}{c},$$

当且仅当 $a=b=c=1$ 时取等号,而这时 $\Delta=\frac{\sqrt{3}}{4}>\frac{1}{4}$. 因此

$$\sqrt{a}+\sqrt{b}+\sqrt{c}<\frac{1}{a}+\frac{1}{b}+\frac{1}{c}.$$

**例 5** 设 $b_1\ b_2 \cdots\ b_n$ 是正数 $a_1, a_2, \cdots, a_n$ 的排列,求证:

$$\frac{a_1}{b_1}+\frac{a_2}{b_2}+\cdots+\frac{a_n}{b_n}\geqslant n.$$

(1935 年匈牙利中学数学竞赛题)

**证** 因为

$$\boldsymbol{A}=\begin{pmatrix} a_1 & a_2 & \cdots & a_n \\ \frac{1}{a_1} & \frac{1}{a_2} & \cdots & \frac{1}{a_n} \end{pmatrix}$$

可全反序，

$$\boldsymbol{B}=\begin{pmatrix} a_1 & a_2 & \cdots & a_n \\ \frac{1}{b_1} & \frac{1}{b_2} & \cdots & \frac{1}{b_n} \end{pmatrix}$$

是 $\boldsymbol{A}$ 的乱序矩阵，所以 $S(\boldsymbol{B})\geqslant S(\boldsymbol{A})=n$. 得证.

注意，当 $a_1,a_2,\cdots,a_n$ 都是负数时，$A$ 亦可全反序，不等式仍成立.

全反序证明如下：

$$\begin{aligned} ab>0,a<b \quad &\Rightarrow \quad \frac{a}{ab}<\frac{b}{ab} \\ &\Rightarrow \quad \frac{1}{a}>\frac{1}{b}. \end{aligned}$$

又注意，这个竞赛题给出了 $S(\boldsymbol{B})$的一个下界 $n$，找出 $S(\boldsymbol{B})$的一个好上界，也是一件有趣的工作.

先看 $p\leqslant x\leqslant y\leqslant q\Rightarrow\frac{x}{y}+\frac{y}{x}\leqslant\frac{p}{q}+\frac{q}{p}$. 这由

$$S\begin{pmatrix} xp & yq \\ xq & yp \end{pmatrix}\leqslant S\begin{pmatrix} xp & yq \\ yp & xq \end{pmatrix} \quad (xp\leqslant yq,yp\leqslant xq)$$

可得知. 因此

$$S(\boldsymbol{B})\leqslant S\begin{pmatrix} a_1 & a_2 & \cdots & a_n \\ \dfrac{1}{a_n} & \dfrac{1}{a_{n-1}} & \cdots & \dfrac{1}{a_1} \end{pmatrix}$$

$$=\frac{a_1}{a_n}+\frac{a_2}{a_{n-1}}+\cdots+\frac{a_n}{a_1}$$

$$\leqslant\frac{a_1}{a_n}+\frac{a_1}{a_n}+\cdots+\frac{a_n}{a_1}+\frac{a_n}{a_1}$$

$$=\left[\frac{n}{2}\right]\left(\sqrt{\frac{a_1}{a_n}}-\sqrt{\frac{a_n}{a_1}}\right)^2+n.$$

当 $n$ 是偶数时,两两成对;当 $n$ 是奇数时,正中一项为 1.

**例 6** 若 $0<a_1,a_2,\cdots,a_n<1$, $b_1b_2\cdots b_n$ 是 $a_1,a_2,\cdots,a_n$ 的一个排列,证明:

$$(1-a_1)b_1,(1-a_2)b_2,\cdots,(1-a_n)b_n$$

中有一个$\leqslant\dfrac{1}{4}$.(匈牙利中学数学竞赛题)

**证** 设

$$\boldsymbol{A}=\begin{pmatrix} 1-a_1 & 1-a_2 & \cdots & 1-a_n & b_1 & b_2 & \cdots & b_n \\ 1-a_1 & 1-a_2 & \cdots & 1-a_n & b_1 & b_2 & \cdots & b_n \end{pmatrix}$$

可同序,

$$\boldsymbol{B}=\begin{pmatrix} 1-a_1 & 1-a_2 & \cdots & 1-a_n & b_1 & b_2 & \cdots & b_n \\ a_1 & a_2 & \cdots & a_n & 1-b_1 & 1-b_2 & \cdots & 1-b_n \end{pmatrix}$$

是乱序的.所以

$$T(\boldsymbol{A})=2^{2n}(1-a_1)(1-a_2)\cdots(1-a_n)b_1b_2\cdots b_n.$$

由 $T(\boldsymbol{A})\leqslant T(\boldsymbol{B})=1$ 有

$$(1-a_1)b_1\cdot(1-a_2)b_2\cdots(1-a_n)b_n\leqslant\left(\frac{1}{4}\right)^n.$$

从而存在 $i$，有

$$(1-a_i)b_i \leqslant \frac{1}{4}.$$

**例 7**　若 $x>y$，$xy=1$，证明：

$$\frac{x^2+y^2}{x-y} \geqslant 2\sqrt{2}.$$

（全苏第 9 届中学数学竞赛题）

**证**　令

$$\boldsymbol{A}=\begin{pmatrix} x-y & \dfrac{2}{x-y} \\ x-y & \dfrac{2}{x-y} \end{pmatrix}, \quad \boldsymbol{B}=\begin{pmatrix} x-y & \dfrac{2}{x-y} \\ \dfrac{2}{x-y} & x-y \end{pmatrix},$$

则有

$$T(\boldsymbol{A})=8,$$

$$T(\boldsymbol{B})=\left(x-y+\frac{2}{x-y}\right)^2$$

$$=\left[\frac{(x-y)^2+2}{x-y}\right]^2=\left(\frac{x^2+y^2}{x-y}\right)^2.$$

由 $T(\boldsymbol{A})\leqslant T(\boldsymbol{B})$得证.

**例 8**　求证：

$$2^{\sqrt[12]{x}}+2^{\sqrt[4]{x}} \geqslant 2\cdot 2^{\sqrt[6]{x}}.$$

（全苏第 16 届中学数学竞赛题）

**证**　令

$$\boldsymbol{A}=\begin{pmatrix} 2^{\sqrt[12]{x}/2} & 2^{\sqrt[4]{x}/2} \\ 2^{\sqrt[12]{x}/2} & 2^{\sqrt[4]{x}/2} \end{pmatrix}, \quad \boldsymbol{B}=\begin{pmatrix} 2^{\sqrt[12]{x}/2} & 2^{\sqrt[4]{x}/2} \\ 2^{\sqrt[4]{x}/2} & 2^{\sqrt[12]{x}/2} \end{pmatrix}.$$

这里 $S(\boldsymbol{A})$已给出左边，$S(\boldsymbol{B})$未给出右边，为此，利用底数

$2>1$,再对指数设计矩阵:

$$C=\begin{pmatrix}\sqrt[24]{x} & \sqrt[8]{x}\\ \sqrt[24]{x} & \sqrt[8]{x}\end{pmatrix},\quad D=\begin{pmatrix}\sqrt[24]{x} & \sqrt[8]{x}\\ \sqrt[8]{x} & \sqrt[24]{x}\end{pmatrix}.$$

注意 $\boldsymbol{A},\boldsymbol{C}$ 可同序,$\boldsymbol{B},\boldsymbol{D}$ 各是其乱序矩阵,有

$$S(\boldsymbol{A})=2^{\sqrt[12]{x}}+2^{\sqrt[4]{x}}\geqslant S(\boldsymbol{B})=2\cdot 2^{(\sqrt[12]{x}+\sqrt[4]{x})/2},$$

$$S(\boldsymbol{C})=\sqrt[12]{x}+\sqrt[4]{x}\geqslant S(\boldsymbol{D})=2\cdot\sqrt[6]{x}.$$

因此

$$S(\boldsymbol{A})\geqslant S(\boldsymbol{B})=2\cdot 2^{S(\boldsymbol{C})/2}\geqslant 2\cdot 2^{S(\boldsymbol{D})/2}=2\cdot 2^{\sqrt[6]{x}}.$$

得证.

**例 9** 求证:若 $a_1,a_2,\cdots,a_n$ 同号,$a=\sum_{i=1}^{n}a_i$,则

$$\sum_{i=1}^{n}\frac{a_i}{2a-a_i}\geqslant\frac{n}{2n-1}.$$

(1982 年西德中学数学竞赛题)

**证** 不妨设 $a_i$ 全大于零.

令

$$\boldsymbol{A}_l=\begin{pmatrix}2a_{1+l} & 2a_{2+l} & \cdots & 2a_{n+l}\\ \dfrac{1}{2a-a_1} & \dfrac{1}{2a-a_2} & \cdots & \dfrac{1}{2a-a_n}\end{pmatrix},$$

其中 $a_{n+l}=a_l(l=0,1,\cdots,n-1)$.

$\boldsymbol{A}_0$ 可同序,$\boldsymbol{A}_l$ 是 $\boldsymbol{A}_0$ 的乱序矩阵.因此

$$S(\boldsymbol{A}_0)\geqslant S(\boldsymbol{A}_l)\quad(l=0,1,2,\cdots,n-1),$$

$$nS(\boldsymbol{A}_0)\geqslant\sum_{l=0}^{n-1}S(\boldsymbol{A}_l).$$

由此得

$$\sum_{i=1}^{n} \frac{2na_i}{2a-a_i} \geqslant \sum_{i=1}^{n} \frac{2a}{2a-a_i}$$

$$= \sum_{i=1}^{n} 1 + \sum_{i=1}^{n} \frac{a_i}{2a-a_i},$$

整理得

$$(2n-1)\sum_{i=1}^{n} \frac{a_i}{2a-a_i} \geqslant n.$$

得证.

**例 10** 证明:若 $n>2$,则

$$n(n+1)^{1/n} - n \leqslant 1 + \frac{1}{2} + \cdots + \frac{1}{n}$$

$$= S_n \leqslant n - (n-1)n^{1/(1-n)}.$$

(1982 年英国中学数学竞赛题)

**证** 设

$$A = \begin{pmatrix} 2 & \frac{3}{2} & \frac{4}{3} & \cdots & \frac{n+1}{n} \\ 2 & \frac{3}{2} & \frac{4}{3} & \cdots & \frac{n+1}{n} \\ \vdots & \vdots & \vdots & & \vdots \\ 2 & \frac{3}{2} & \frac{4}{3} & \cdots & \frac{n+1}{n} \end{pmatrix}_{n\times n}$$

可同序.调整 $\boldsymbol{A}$,使同行的数位于同一列,得 $\boldsymbol{A}'$.我们有

$$T(\boldsymbol{A}) = n^n \cdot 2 \cdot \frac{3}{2} \cdot \frac{4}{3} \cdots \frac{n+1}{n} = n^n(n+1),$$

$$T(\boldsymbol{A}') = \left(2 + \frac{3}{2} + \cdots + \frac{n+1}{n}\right)^n = (n+S_n)^n.$$

由 $T(\boldsymbol{A}) \leqslant T(\boldsymbol{A}')$得左边的不等式.

令

$$M=\begin{pmatrix}\frac{1}{2} & \frac{2}{3} & \cdots & \frac{n-1}{n}\\ \frac{1}{2} & \frac{2}{3} & \cdots & \frac{n-1}{n}\\ \vdots & \vdots & & \vdots\\ \frac{1}{2} & \frac{2}{3} & \cdots & \frac{n-1}{n}\end{pmatrix}_{(n-1)\times(n-1)}.$$

调整 $\boldsymbol{M}$,使同行的数位于同一列,得 $\boldsymbol{M}'$.我们有

$$T(\boldsymbol{M})=(n-1)^{n-1}\frac{1}{2}\cdot\frac{2}{3}\cdots\frac{n-1}{n}=(n-1)^{n-1}\cdot\frac{1}{n},$$

$$T(\boldsymbol{M}')=\left(\frac{1}{2}+\frac{2}{3}+\cdots+\frac{n-1}{n}\right)^{n-1}=(n-S_n)^{n-1}.$$

由 $T(\boldsymbol{M})\leqslant T(\boldsymbol{M}')$得右边的不等式.

**例 11**　设 $a,b,c>0$,求证:

$$abc\geqslant(b+c-a)(c+a-b)(a+b-c).$$

(1983 年瑞士中学数学竞赛题)

**证**　令 $a=y+z,b=z+x,c=x+y$,则原不等式化为

$$(y+z)(z+x)(x+y)\geqslant 8xyz.$$

因为 $a,b,c$ 中无负的,所以 $x,y,z$ 中没有两个是负的.可令

$$\boldsymbol{A}=\begin{pmatrix}x & y & z\\ x & y & z\end{pmatrix}\quad(x\leqslant y\leqslant z),\quad y\geqslant 0,$$

$$\boldsymbol{A}'=\begin{pmatrix}x & y & z\\ z & x & y\end{pmatrix}\quad(x\leqslant y\leqslant z),\quad y\geqslant 0.$$

要证 $T(\boldsymbol{A})\leqslant T(\boldsymbol{A}')$.由微微对偶不等式的证明思路,把 $\boldsymbol{A}$ 改造成

$$\boldsymbol{A}'' = \begin{pmatrix} x & y & z \\ y & x & z \end{pmatrix} \quad (x \leqslant y \leqslant z),$$

其中未动列的和 $2z \geqslant 0$.

再把 $\boldsymbol{A}''$改造成$\boldsymbol{A}'$,其中未动列的和 $x+y \geqslant 0$.

由

$$T(\boldsymbol{A}) - T(\boldsymbol{A}'') = 2z[4xy - (x+y)^2] \leqslant 0,$$

$$T(\boldsymbol{A}'') - T(\boldsymbol{A}') = (x+y)(z-x)(y-z) \leqslant 0,$$

有

$$T(\boldsymbol{A}) \leqslant T(\boldsymbol{A}'') \leqslant T(\boldsymbol{A}'),$$

即

$$8xyz \leqslant (y+z)(z+x)(x+y).$$

得证.

**例 12**　若 $a,b,c>0$,求证:

(1) $abc = 1 \Rightarrow a+b+c \geqslant 3$;

(2) $a+b+c = 1 \Rightarrow \dfrac{1}{a} + \dfrac{1}{b} + \dfrac{1}{c} \geqslant 9$;

(3) $a+b+c \leqslant \dfrac{a^4+b^4+c^4}{abc}$.

(波兰中学数学竞赛题,(2)还是广东 1978 年中学数学竞赛题)

**证**　(1) 令

$$\boldsymbol{A} = \begin{pmatrix} a & b & c \\ c & a & b \\ b & c & a \end{pmatrix}, \quad \boldsymbol{B} = \begin{pmatrix} a & b & c \\ a & b & c \\ a & b & c \end{pmatrix}.$$

由 $T(\boldsymbol{A}) \geqslant T(\boldsymbol{B})$得证.

(2) 令

$$\boldsymbol{A}=\begin{pmatrix} a & b & c \\ \frac{1}{a} & \frac{1}{b} & \frac{1}{c} \end{pmatrix},\quad \boldsymbol{B}=\begin{pmatrix} a & b & c \\ \frac{1}{a} & \frac{1}{b} & \frac{1}{c} \end{pmatrix},$$

$$\boldsymbol{C}=\begin{pmatrix} a & b & c \\ \frac{1}{c} & \frac{1}{a} & \frac{1}{b} \end{pmatrix},\quad \boldsymbol{D}=\begin{pmatrix} a & b & c \\ \frac{1}{b} & \frac{1}{c} & \frac{1}{a} \end{pmatrix}.$$

由 $9=3S(\boldsymbol{A})\leqslant S(\boldsymbol{B})+S(\boldsymbol{C})+S(\boldsymbol{D})=\frac{1}{a}+\frac{1}{b}+\frac{1}{c}$得证.

(3) 令

$$\boldsymbol{A}=\begin{pmatrix} a^2 & b^2 & c^2 \\ b & c & a \\ c & a & b \end{pmatrix},\quad \boldsymbol{B}=\begin{pmatrix} a^2 & b^2 & c^2 \\ a & b & c \\ a & b & c \end{pmatrix}.$$

由 $S(\boldsymbol{A})\leqslant S(\boldsymbol{B})$得证.

**例 13**　证明:若 $a,b>0$,则

$$\frac{a^6+b^6}{2}\geqslant\frac{a+b}{2}\cdot\frac{a^2+b^2}{2}\cdot\frac{a^3+b^3}{2}.$$

(1956 年波兰中学数学竞赛题)

**证**　即证

$$4(a^6+b^6)\geqslant(a+b)(a^2+b^2)(a^3+b^3)$$

$$=\sum_{\substack{\alpha+\beta=6\\ \alpha=0,1,2,3}}(a^\alpha b^\beta+a^\beta b^\alpha).$$

令 $\boldsymbol{A}=\begin{pmatrix} a^\alpha & b^\alpha \\ a^\beta & b^\beta \end{pmatrix}$,$\boldsymbol{B}=\begin{pmatrix} a^\alpha & b^\alpha \\ b^\beta & a^\beta \end{pmatrix}$.由 $S(\boldsymbol{A})\geqslant S(\boldsymbol{B})$得

$$a^6+b^6\geqslant a^\alpha b^\beta+a^\beta b^\alpha\quad(\alpha+\beta=6,\alpha=0,1,2,3).$$

以上四式相加得证.

**例 14**　证明：若 $x_1, x_2, \cdots, x_n \geqslant 0$, $x_1 + x_2 + \cdots + x_n \leqslant \frac{1}{2}$，则

$$(1-x_1)(1-x_2)\cdots(1-x_n) \geqslant \frac{1}{2}.$$

（1965 年波兰中学数学竞赛题）

**证**　设

$$A = \begin{pmatrix} 1-x_1 & 1 & 1 & \cdots & 1 \\ 1-x_2 & 1 & 1 & \cdots & 1 \\ \vdots & \vdots & \vdots & & \vdots \\ 1-x_n & 1 & 1 & \cdots & 1 \end{pmatrix}_{n\times n}$$

是可同序的正数矩阵，

$$A' = \begin{pmatrix} 1-x_1 & 1 & 1 & \cdots & 1 \\ 1 & 1-x_2 & 1 & \cdots & 1 \\ \vdots & \vdots & \vdots & & \vdots \\ 1 & 1 & 1 & \cdots & 1-x_n \end{pmatrix}_{n\times n}$$

是乱序矩阵．因此

$$\begin{aligned} &(1-x_1)(1-x_2)\cdots(1-x_n) + n - 1 \\ &\quad = S(A) \geqslant S(A') \\ &\quad = n - (x_1 + x_2 + \cdots + x_n) \\ &\quad \geqslant n - \frac{1}{2} = n - 1 + \frac{1}{2}. \end{aligned}$$

消去 $n-1$ 即得证．

**例 15**　在$\triangle ABC$ 中，$\Delta$ 是面积，求证：

（1）$a^2 + b^2 + c^2 \geqslant 4\sqrt{3}\Delta$；

(2) $a^2+b^2+c^2$

$$\geqslant 4\sqrt{3}\Delta+(a-b)^2+(b-c)^2+(c-a)^2.$$

其中(1)叫魏岑伯克不等式,是第3届国际数学竞赛题第2题.(2)是1938年由数学家费恩斯列尔-哈德维格尔提出并证明的.

**证**　(2)是(1)的加强,只需证(2).

为了应用微微对偶不等式,先把(2)变为

$$a^2-(b-c)^2+b^2-(c-a)^2+c^2-(a-b)^2\geqslant 4\sqrt{3}\Delta,$$

即

$$(s-c)(s-b)+(s-a)(s-c)+(s-b)(s-a)$$
$$\geqslant\sqrt{3}\sqrt{s(s-a)(s-b)(s-c)},$$

其中 $s=\frac{1}{2}(a+b+c)$.

令 $s-a=x,s-b=y,s-c=z$,则 $x,y,z>0,x+y+z=s$,(2)变为

$$xy+yz+zx\geqslant\sqrt{3xyz(x+y+z)}.$$

平方整理得

$$x^2y^2+y^2z^2+z^2x^2\geqslant x^2yz+xy^2z+xyz^2.$$

因为 $\boldsymbol{A}=\begin{pmatrix}xy & xz & yz\\ xy & xz & yz\end{pmatrix}$ 可同序,$\boldsymbol{B}=\begin{pmatrix}xy & xz & yz\\ xz & yz & xy\end{pmatrix}$ 是 $\boldsymbol{A}$ 的乱序矩阵,所以 $S(\boldsymbol{A})\geqslant S(\boldsymbol{B})$,得证(2).

由(2),即可证(1).

此外,(1)的下述证法亦很美妙:

令 $\boldsymbol{D}=\begin{pmatrix} a & b \\ a & b \end{pmatrix}$，$\boldsymbol{E}=\begin{pmatrix} a & b \\ b & a \end{pmatrix}$，则

$$\begin{aligned} 2(a^2+b^2) &= 2S(\boldsymbol{D}) \geqslant 2S(\boldsymbol{E}) = 4ab \\ &\geqslant 4ab\cos\left(\frac{\pi}{3}-C\right) = 2ab\cos C + 4\sqrt{3}\Delta \\ &= a^2+b^2-c^2+4\sqrt{3}\Delta. \end{aligned}$$

从而有 $a^2+b^2+c^2 \geqslant 4\sqrt{3}\Delta$.

**例 16** 设 $P$ 在$\triangle ABC$ 内，$AP$，$BP$，$CP$ 各交 $BC$，$CA$，$AB$ 于$D$，$E$，$F$，求证：$\frac{AP}{PD}$，$\frac{BP}{PE}$，$\frac{CP}{PF}$中，有一个$\geqslant 2$，也有一个$\leqslant 2$.（第 3 届国际数学竞赛题）

**证** 令 $S_{\triangle PBC}=x$，$S_{\triangle PCA}=y$，$S_{\triangle PAB}=z$，则

$$\frac{AP}{PD}=\frac{S_{\triangle PAB}}{S_{\triangle PDB}}=\frac{S_{\triangle PAC}}{S_{\triangle PDC}}=\frac{y+z}{x}.$$

令

$$\boldsymbol{M}=\begin{pmatrix} x & x & y & y & z & z \\ \frac{1}{y} & \frac{1}{z} & \frac{1}{x} & \frac{1}{z} & \frac{1}{x} & \frac{1}{y} \end{pmatrix} \quad (x \leqslant y \leqslant z),$$

$$\boldsymbol{N}=\begin{pmatrix} x & x & y & y & z & z \\ \frac{1}{x} & \frac{1}{x} & \frac{1}{y} & \frac{1}{y} & \frac{1}{z} & \frac{1}{z} \end{pmatrix}.$$

由 $S(\boldsymbol{M}) \geqslant S(\boldsymbol{N})=6$ 得

$$\frac{AP}{PD}+\frac{BP}{PE}+\frac{CP}{PF}=\frac{y+z}{x}+\frac{z+x}{y}+\frac{x+y}{z} \geqslant 6.$$

因此，$\frac{AP}{PD}$，$\frac{BP}{PE}$，$\frac{CP}{PF}$中有一个$\geqslant 2$.

令

$$P=\begin{pmatrix} x & x & y & y & z & z \\ \frac{1}{y+z} & \frac{1}{y+z} & \frac{1}{z+x} & \frac{1}{z+x} & \frac{1}{x+y} & \frac{1}{x+y} \end{pmatrix}$$

$(x\leqslant y\leqslant z)$，

$$Q=\begin{pmatrix} x & x & y & y & z & z \\ \frac{1}{x+y} & \frac{1}{z+x} & \frac{1}{x+y} & \frac{1}{y+z} & \frac{1}{y+z} & \frac{1}{z+x} \end{pmatrix}.$$

由 $S(\boldsymbol{P})\geqslant S(\boldsymbol{Q})=3$ 得

$$\frac{PD}{AP}+\frac{PE}{BP}+\frac{PF}{CP}=\frac{x}{y+z}+\frac{y}{z+x}+\frac{z}{x+y}\geqslant\frac{3}{2}.$$

因此$\frac{PD}{AP},\frac{PE}{BP},\frac{PF}{CP}$中有一个$\geqslant\frac{1}{2}$，从而$\frac{AP}{PD},\frac{BP}{PE},\frac{CP}{PF}$中有一个$\leqslant 2$.

**例 17** 在$\triangle ABC$中，求证：

$a^2(b+c-a)+b^2(c+a-b)+c^2(a+b-c)\leqslant 3abc$.

（第 6 届国际数学竞赛题）

**证** 注意$\triangle ABC$有内切圆，有三角、几何代数化的重要代换：

$$a=y+z,\quad b=z+x,\quad c=x+y\quad (x,y,z>0).$$

原式可化为

$$x^2(y+z)+y^2(z+x)+z^2(x+y)\geqslant 6xyz.$$

令

$$\boldsymbol{M}=\begin{pmatrix} x & y & z \\ yz & xz & xy \end{pmatrix}\quad (x\leqslant y\leqslant z,\ yz\geqslant xz\geqslant xy)$$

可全反序，

$$\boldsymbol{M}'=\begin{pmatrix} y & z & x \\ yz & xz & xy \end{pmatrix},\quad \boldsymbol{M}''=\begin{pmatrix} z & x & y \\ yz & xz & xy \end{pmatrix}$$

是乱序的. 由 $S(\boldsymbol{M}')+S(\boldsymbol{M}'')\geqslant 2S(\boldsymbol{M})$得证.

**例 18**　在$\triangle ABC$中，$D$，$E$，$F$各在$BC$，$CA$，$AB$上，求证：$S_{\triangle AEF}$，$S_{\triangle BFD}$，$S_{\triangle CDE}$中有一个$\leqslant\frac{1}{4}\Delta$.（第 8 届国际数学竞赛题）

**证**　令$AE=b_2$，$AF=c_1$，$BF=c_2$，$BD=a_1$，$CD=a_2$，$CE=b_1$. 矩阵

$$\boldsymbol{A}=\begin{pmatrix} a_1 & a_2 & b_1 & b_2 & c_1 & c_2 \\ a_1 & a_2 & b_1 & b_2 & c_1 & c_2 \end{pmatrix}$$

可同序，而

$$\boldsymbol{B}=\begin{pmatrix} a_1 & a_2 & b_1 & b_2 & c_1 & c_2 \\ a_2 & a_1 & b_2 & b_1 & c_2 & c_1 \end{pmatrix}$$

为乱序的. 由此得

$$T(\boldsymbol{A})=64a_1a_2b_1b_2c_1c_2,$$

$$T(\boldsymbol{B})=(a_1+a_2)^2(b_1+b_2)^2(c_1+c_2)^2=a^2b^2c^2.$$

从而有

$$\begin{aligned} S_{\triangle AEF}\cdot S_{\triangle BFD}\cdot S_{\triangle CDE}&=\frac{1}{8}a_1a_2b_1b_2c_1c_2\sin A\sin B\sin C\\ &=\frac{1}{8\times 64}T(\boldsymbol{A})\sin A\sin B\sin C\\ &\leqslant\frac{1}{8\times 64}T(\boldsymbol{B})\sin A\sin B\sin C \end{aligned}$$

$$= \frac{1}{8 \times 64} a^2 b^2 c^2 \sin A \sin B \sin C$$

$$= \left(\frac{\Delta}{4}\right)^3.$$

因此 $S_{\triangle AEF}, S_{\triangle BFD}, S_{\triangle CDE}$ 中有一个 $\leqslant \frac{\Delta}{4}$.

**例 19** 在四面体 $D\text{-}ABC$ 中，$\angle BDC = \frac{\pi}{2}$，$\triangle ABC$ 的垂心为 $S$，$DS \perp \triangle ABC$，$DA = x$，$DB = y$，$DC = z$. 求证：

$$(a + b + c)^2 \leqslant 6(x^2 + y^2 + z^2),$$

并确定等号何时成立.（第 12 届国际数学竞赛题）

**证** 易证 $DB \perp AC$，已知 $DB \perp DC$，所以 $DB \perp AD$. 同理，$DC \perp AD$. 由此得

$$a^2 + b^2 + c^2 = 2(x^2 + y^2 + z^2).$$

又

$$\boldsymbol{M} = \begin{pmatrix} ua & ub & uc & v & v & v \\ ua & ub & uc & v & v & v \end{pmatrix}$$

可同序，

$$\boldsymbol{N} = \begin{pmatrix} ua & ub & uc & v & v & v \\ v & v & v & ua & ub & uc \end{pmatrix}$$

是乱序的，所以

$$u^2(a^2 + b^2 + c^2) + 3v^2 = S(\boldsymbol{M}) \geqslant S(\boldsymbol{N}) = 2uv(a + b + c).$$

令 $u^2 = (a^2 + b^2 + c^2)^{-1}$，$v^2 = \frac{1}{3}$，有

$$(a+b+c)^2 \leqslant \frac{1}{u^2 v^2} = 3(a^2+b^2+c^2)$$
$$= 6(x^2+y^2+z^2).$$

等号成立,当且仅当 $ua = ub = uc = v$,即 $a = b = c$.

**例 20** 设 $x_1 \geqslant x_2 \geqslant \cdots \geqslant x_n$,$y_1 \geqslant y_2 \geqslant \cdots \geqslant y_n$,$z_1 z_2 \cdots z_n$ 是 $y_1, y_2, \cdots, y_n$ 的一个排列.求证:

$$\sum_{i=1}^{n} (x_i - y_i)^2 \leqslant \sum_{i=1}^{n} (x_i - z_i)^2.$$

(第 17 届国际数学竞赛题)

**证** 令

$$\boldsymbol{A} = \begin{pmatrix} x_1 & x_2 & \cdots & x_n \\ y_1 & y_2 & \cdots & y_n \end{pmatrix},$$

$$\boldsymbol{B} = \begin{pmatrix} x_1 & x_2 & \cdots & x_n \\ z_1 & z_2 & \cdots & z_n \end{pmatrix},$$

则 $S(\boldsymbol{A}) \geqslant S(\boldsymbol{B})$.由此得

$$-2S(\boldsymbol{A}) + \sum_{i=1}^{n} (x_i^2 + y_i^2) \leqslant -2S(\boldsymbol{B}) + \sum_{i=1}^{n} (x_i^2 + z_i^2).$$

得证.

**例 21** 若 $a_1, a_2, \cdots, a_n$ 为两两不等的正整数,求证:

$$\sum_{k=1}^{n} \frac{a_k}{k^2} \geqslant \sum_{k=1}^{n} \frac{1}{k}.$$

(第 20 届国际数学竞赛题)

**证** 令

$$\boldsymbol{A} = \begin{pmatrix} a_1 & a_2 & \cdots & a_n \\ \dfrac{1}{1^2} & \dfrac{1}{2^2} & \cdots & \dfrac{1}{n^2} \end{pmatrix},$$

$$\boldsymbol{B}=\begin{pmatrix} b_1 & b_2 & \cdots & b_n \\ \dfrac{1}{1^2} & \dfrac{1}{2^2} & \cdots & \dfrac{1}{n^2} \end{pmatrix} \quad (b_1<b_2<\cdots<b_n),$$

其中 $b_1b_2\cdots b_n$ 是 $a_1,a_2,\cdots,a_n$ 的一个排列,则

$$\sum_{k=1}^{n}\frac{a_k}{k^2}=S(\boldsymbol{A})\geqslant S(\boldsymbol{B})=\sum_{k=1}^{n}\frac{b_k}{k^2}$$

$$\geqslant\sum_{k=1}^{n}\frac{k}{k^2}=\sum_{k=1}^{n}\frac{1}{k}.$$

得证.

同样可证:若 $a>0$,$a_k$ 同上,则

$$\sum_{k=1}^{n}\frac{a_k^{\alpha}}{k^{\alpha+1}}\geqslant\sum_{k=1}^{n}\frac{1}{k}.$$

**例 22** 设$\triangle ABC$ 内点 $P$ 到边 $a,b,c$ 的距离分别为 $x$,$y$,$z$,求使 $p=\dfrac{a}{x}+\dfrac{b}{y}+\dfrac{c}{z}$最小的点 $P$.(第 22 届国际数学竞赛题)

**解** 设 $2\Delta=ax+by+cz$,

$$\boldsymbol{M}=\begin{pmatrix} \sqrt{\dfrac{a}{px}} & \sqrt{\dfrac{b}{py}} & \sqrt{\dfrac{c}{pz}} & \sqrt{\dfrac{ax}{2\Delta}} & \sqrt{\dfrac{by}{2\Delta}} & \sqrt{\dfrac{cz}{2\Delta}} \\ \sqrt{\dfrac{a}{px}} & \sqrt{\dfrac{b}{py}} & \sqrt{\dfrac{c}{pz}} & \sqrt{\dfrac{ax}{2\Delta}} & \sqrt{\dfrac{by}{2\Delta}} & \sqrt{\dfrac{cz}{2\Delta}} \end{pmatrix}$$

可同序,而

$$\boldsymbol{N}=\begin{pmatrix} \sqrt{\dfrac{a}{px}} & \sqrt{\dfrac{b}{py}} & \sqrt{\dfrac{c}{pz}} & \sqrt{\dfrac{ax}{2\Delta}} & \sqrt{\dfrac{by}{2\Delta}} & \sqrt{\dfrac{cz}{2\Delta}} \\ \sqrt{\dfrac{ax}{2\Delta}} & \sqrt{\dfrac{by}{2\Delta}} & \sqrt{\dfrac{cz}{2\Delta}} & \sqrt{\dfrac{a}{px}} & \sqrt{\dfrac{b}{py}} & \sqrt{\dfrac{c}{pz}} \end{pmatrix}$$

是乱序的,因此

$$S(\boldsymbol{M}) = 2,$$

$$S(\boldsymbol{N}) = 2\left(\frac{a}{\sqrt{2p\Delta}} + \frac{b}{\sqrt{2p\Delta}} + \frac{c}{\sqrt{2p\Delta}}\right).$$

由 $S(\boldsymbol{M}) \geqslant S(\boldsymbol{N})$ 得 $\sqrt{2p\Delta} \geqslant a+b+c=2s$,从而有

$$2p\Delta \geqslant 4s^2 \quad \Rightarrow \quad 2prs \geqslant 4s^2 \quad \Rightarrow \quad p \geqslant \frac{2s}{r}.$$

当且仅当 $\sqrt{\frac{a}{px}} = \sqrt{\frac{ax}{2\Delta}}, \sqrt{\frac{b}{py}} = \sqrt{\frac{by}{2\Delta}}, \sqrt{\frac{c}{pz}} = \sqrt{\frac{cz}{2\Delta}}$ 时,上式取等号.

综上,$x=y=z=\sqrt{\frac{2\Delta}{p}}$,即 $P$ 为内心时,$p$ 最小.

**例 23** 求证:在 $\triangle ABC$ 中,有

$$a^2b(a-b)+b^2c(b-c)+c^2a(c-a) \geqslant 0,$$

并确定等号何时成立.(第 24 届国际数学竞赛题)

**证** $\triangle ABC$ 有内切圆,可令(自由化代换)

$$a=y+z, \quad b=z+x, \quad c=x+y \quad (x,y,z>0).$$

由此得

$$\text{原式左边} = 2(xy^3+yz^3+zx^3-x^2yz-xy^2z-xyz^2).$$

原式即

$$xy^3+yz^3+zx^3 \geqslant x^2yz+xy^2z+xyz^2.$$

$\boldsymbol{A} = \begin{pmatrix} x^2 & y^2 & z^2 \\ yz & zx & xy \end{pmatrix}$ 可全反序,$\boldsymbol{B} = \begin{pmatrix} x^2 & y^2 & z^2 \\ xz & xy & yz \end{pmatrix}$ 是乱序的,由 $S(\boldsymbol{B}) \geqslant S(\boldsymbol{A})$ 得证.

为了确定等号何时成立,只需注意由 $\boldsymbol{A}$ 改造到 $\boldsymbol{B}$ 时所施

行的两个对换$(yz, zx)$,$(yz, xy)$,有

$$S(\boldsymbol{B}) = S(\boldsymbol{A}) \Leftrightarrow \text{“}x^2 = y^2 \text{ 或 } yz = zx\text{”且“}y^2 = z^2 \text{ 或 } yz = xy\text{”}$$

$$\Leftrightarrow x = y \text{ 且 } y = z \Leftrightarrow a = b = c.$$

关于此题,有几点值得注意:

(1) 这是一个与 $a, b, c$ 的序有关的问题,不可轻易搞“不妨设 $a \leqslant b \leqslant c$”.

事实上,若设 $a \leqslant b \leqslant c$,当 $a, b$ 对换时,原式

$$a^3 b + b^3 c + c^3 a \geqslant a^2 b^2 + b^2 c^2 + c^2 a^2$$

变为

$$a^3 c + b^3 a + c^3 b \geqslant a^2 b^2 + b^2 c^2 + c^2 a^2.$$

但我们可以证明

$$a^3 c + b^3 a + c^3 b \geqslant a^3 b + b^3 c + c^3 a.$$

事实上,令

$$\boldsymbol{A} = \begin{pmatrix} a & b & c \\ a & a & b \\ b & c & c \end{pmatrix}, \quad \boldsymbol{B} = \begin{pmatrix} a & b & c \\ a & b & a \\ c & b & c \end{pmatrix}.$$

由 $S(\boldsymbol{A}) \geqslant S(\boldsymbol{B})$得

$$a^2 b + abc + bc^2 \geqslant a^2 c + b^3 + c^2 a,$$

即

$$b(a^2 + ac + c^2) \geqslant b^3 + ac(c + a),$$

两边乘以 $c - a$,得

$$b(c^3 - a^3) \geqslant b^3(c - a) + ac(c^2 - a^2),$$

所以

$$a^3 c + b^3 a + c^3 b \geqslant a^3 b + b^3 c + c^3 a.$$

可见,若 $a,b,c$ 的序不同,则不等式的强度不同.

(2) 这是1984年我国中学数学联赛题第5题(例3)中 $n=3$ 的情形.

事实上,原不等式可化为

$$\frac{x^2}{y}+\frac{y^2}{z}+\frac{z^2}{x}\geqslant x+y+z.$$

(3) 这是一个三角形边元不等式,可化为三角形角元不等式:

$$\cot^2\frac{A}{2}\tan\frac{B}{2}+\cot^2\frac{B}{2}\tan\frac{C}{2}+\cot^2\frac{C}{2}\tan\frac{A}{2}$$
$$\geqslant\cot\frac{A}{2}+\cot\frac{B}{2}+\cot\frac{C}{2}.$$

这只要注意到 $x=r\cot\frac{A}{2}$,由(2)即得.

这一来,“序”就好办了.

$$\boldsymbol{A}=\begin{pmatrix}\cot^2\frac{A}{2} & \cot^2\frac{B}{2} & \cot^2\frac{C}{2}\\ \tan\frac{A}{2} & \tan\frac{B}{2} & \tan\frac{C}{2}\end{pmatrix}$$

可全反序,而

$$\boldsymbol{B}=\begin{pmatrix}\cot^2\frac{A}{2} & \cot^2\frac{B}{2} & \cot^2\frac{C}{2}\\ \tan\frac{B}{2} & \tan\frac{C}{2} & \tan\frac{A}{2}\end{pmatrix}$$

是乱序的.由 $S(\boldsymbol{B})\geqslant S(\boldsymbol{A})$ 得证.

(4) 此题的要害是 $a,b,c$ 的序.有人在《数学通报》发表文章证此题时,忽视了这个“序”,而说不妨设“$a\geqslant b\geqslant c$”,从而很容易得证此不等式，他们以为这是 $a,b,c$ 的对称不等式，而去令 $a\geqslant b\geqslant c$. 忽略了其中的“ - ”号，从而把一个只是轮换对称的不等式看成了完全对称的不等式. 常庚哲先生曾专文批判这个“不妨设”. 西德有一个女孩子注意到这个“序”的要害. 不设 $a\geqslant b\geqslant c$，而设 $a,b,c$ 中有一个最大者：$a=\max\{a,b,c\}$，把原式化为

$$a(b-c)^2(b+c-a)+b(a-b)(a-c)(a+b-c)$$
$$\geqslant 0,$$

从而得证，此证绝妙！从而这个 15 岁的女孩子获得了特别奖.

为了应用微微对偶不等式，我们这里通过 $a,b,c$ 的自由化代换 $a=y+z,b=z+x,c=x+y(x,y,z>0)$，找到了关于 $a,b,c$ 的一个“好序”：

$$\begin{pmatrix} x^2 & y^2 & z^2 \\ \dfrac{1}{x} & \dfrac{1}{y} & \dfrac{1}{z} \end{pmatrix},$$

它可全反序. 从而顺利得证此题.

下面再找一个关于 $a,b,c$ 的序，应用微微对偶不等式证明此题.

注意

$$\left(\frac{1}{a}-\frac{1}{b}\right)[a(-a+b+c)-b(a-b+c)]$$
$$=\frac{1}{ab}(a-b)^2(a+b-c)\geqslant 0.$$

令

$$A=\begin{pmatrix} a(-a+b+c) & b(a-b+c) & c(a+b-c) \\ \dfrac{1}{a} & \dfrac{1}{b} & \dfrac{1}{c} \end{pmatrix}.$$

由上述不等式，$\boldsymbol{A}$ 的第一列、第二列同序. 同理，$\boldsymbol{A}$ 的第一列、第三列同序，$\boldsymbol{A}$ 的第二列、第三列同序. 因此 $\boldsymbol{A}$ 可同序. 从而有

$$S(\boldsymbol{A}) \geqslant S\begin{pmatrix} a(-a+b+c) & b(a-b+c) & c(a+b-c) \\ \dfrac{1}{c} & \dfrac{1}{a} & \dfrac{1}{b} \end{pmatrix}$$

即

$$a+b+c \geqslant \frac{a}{c}(-a+b)+\frac{b}{a}(-b+c) + \frac{c}{b}(-c+a)+a+b+c.$$

整理得

$$\frac{a}{c}(a-b)+\frac{b}{a}(b-c)+\frac{c}{b}(c-a) \geqslant 0.$$

从而有

$$a^2b(a-b)+b^2c(b-c)+c^2a(c-a) \geqslant 0.$$

得证.

由

$$S(\boldsymbol{A}) \geqslant S\begin{pmatrix} a(-a+b+c) & b(a-b+c) & c(a+b-c) \\ \dfrac{1}{b} & \dfrac{1}{c} & \dfrac{1}{a} \end{pmatrix}$$

有

$$a+b+c$$

$$\geqslant \frac{a}{b}(-a+c)+\frac{b}{c}(a-b)+\frac{c}{a}(b-c)+a+b+c$$

所以

$$\frac{a}{b}(a-c)+\frac{c}{a}(c-b)+\frac{b}{c}(b-a)\geqslant 0,$$

$$a^2c(a-c)+b^2a(b-a)+c^2b(c-b)\geqslant 0.$$

**例 24** 若 $x,y,z\geqslant 0, x+y+z=1$，则

$$0\leqslant yz+zx+xy-2xyz\leqslant \frac{7}{27}.$$

（第 25 届国际数学竞赛题）

**证** 可令 $x\geqslant y\geqslant z$，则有 $z\leqslant\frac{1}{3}$，

$$yz+zx+xy-2xyz = yz+zx+xyz+xy-3xyz$$

$$\geqslant yz+zx+xyz\geqslant 0.$$

由此知左边不等式得证. 下证右边不等式.

令 $P=yz+zx+xy$，

$$\boldsymbol{A}=\begin{pmatrix} x & y & z \\ z & x & y \end{pmatrix},\quad \boldsymbol{B}=\begin{pmatrix} x & y & z \\ x & y & z \end{pmatrix}.$$

由 $S(\boldsymbol{A})\leqslant S(\boldsymbol{B})$ 得

$$P\leqslant x^2+y^2+z^2,\quad 3P\leqslant (x+y+z)^2=1,\quad P\leqslant\frac{1}{3}.$$

下证 $xyz\geqslant(1-2x)(1-2y)(1-2z)$（例 11 已证）.

若 $x\geqslant\frac{1}{2}$，则 $1-2x<0, 1-2y>0, 1-2z>0$. 所证不等式显然成立.

若 $x<\frac{1}{2}$,则 $1-2x>0,1-2y>0,1-2z>0$.

$$A=\begin{pmatrix}\frac{1-2x}{2} & \frac{1-2y}{2} & \frac{1-2z}{2}\\ \frac{1-2x}{2} & \frac{1-2y}{2} & \frac{1-2z}{2}\end{pmatrix}$$

可同序,而

$$B=\begin{pmatrix}\frac{1-2x}{2} & \frac{1-2y}{2} & \frac{1-2z}{2}\\ \frac{1-2y}{2} & \frac{1-2z}{2} & \frac{1-2x}{2}\end{pmatrix}$$

是乱序的.由 $T(\boldsymbol{B})\geqslant T(\boldsymbol{A})$得

$$xyz\geqslant(1-2x)(1-2y)(1-2z)=4P-8xyz-1.$$

整理得

$$9xyz\geqslant 4P-1,\quad 2xyz\geqslant\frac{8}{9}P-\frac{2}{9},$$

即

$$2xyz-P\geqslant-\frac{P}{9}-\frac{2}{9}\geqslant-\frac{1}{27}-\frac{2}{9}=-\frac{7}{27},$$

所以

$$P-2xyz\leqslant\frac{7}{27}.$$

**例 25** 若 $x+y+z=0$,则

$$6(x^3+y^3+z^3)^2\leqslant(x^2+y^2+z^2)^3.$$

(1984 年西安交通大学研究生考题)

**证** 先由已知条件消去 $z$.可令 $xy>0$,即证

$$54x^2y^2(x+y)^2\leqslant[x(x+y)+y(x+y)+(x^2+y^2)]^3.$$

$$A=\begin{pmatrix} x(x+y) & (x+y) & x^2+y^2 \\ y(x+y) & x^2+y^2 & x(x+y) \\ x^2+y^2 & x(x+y) & y(x+y) \end{pmatrix}$$

是乱序的，而

$$B=\begin{pmatrix} x(x+y) & y(x+y) & x^2+y^2 \\ x(x+y) & y(x+y) & x^2+y^2 \\ x(x+y) & y(x+y) & x^2+y^2 \end{pmatrix}$$

可同序. 因此

$$\begin{aligned} 54x^2y^2(x+y)^2 &\leqslant 27xy(x+y)^2(x^2+y^2) \\ &= T(B) \leqslant T(A) \\ &= [x^2+y^2+(x+y)^2]^3. \end{aligned}$$

得证.

## 2.2　处理一些书刊征解题

**例 1**　若 $x,y,z>0$，则

$$\sqrt{3}\left(\frac{yz}{x}+\frac{zx}{y}+\frac{xy}{z}\right)\geqslant(yz+zx+xy)\sqrt{\frac{x+y+z}{xyz}}.$$

(《数学通报》1986 年第 10 期第 434 题)

**证**　原式平方得

$$3(x^2y^2+y^2z^2+z^2x^2)^2\geqslant xyz(x+y+z)(xy+yz+zx)^2.$$

$$A=\begin{pmatrix} xy & xz & yz \\ xy & xz & yz \end{pmatrix}$$

可同序，而

$$B=\begin{pmatrix} xy & xz & yz \\ xz & yz & xy \end{pmatrix},\quad C=\begin{pmatrix} xy & xz & yz \\ yz & xy & xz \end{pmatrix}$$

是 $\boldsymbol{A}$ 的乱序矩阵.因此

$$3S(\boldsymbol{A}) \geqslant S(\boldsymbol{A}) + S(\boldsymbol{B}) + S(\boldsymbol{C}) = (xy + yz + zx)^2,$$

$$S(\boldsymbol{A}) \geqslant S(\boldsymbol{B}) = xyz(x + y + z).$$

由 $3S^2(\boldsymbol{A}) \geqslant S(\boldsymbol{B})[S(\boldsymbol{A}) + S(\boldsymbol{B}) + S(\boldsymbol{C})]$得证.

**例 2** 若 $a + b > 0$, $n$ 是偶数,则

$$\frac{b^{n-1}}{a^n} + \frac{a^{n-1}}{b^n} \geqslant \frac{1}{a} + \frac{1}{b}.$$

(《数学通报》1965 年第 10 期第 616 题)

**证** 令 $a > b$,则由 $a + b > 0$ 有 $|a| > |b|$.令

$$\boldsymbol{A} = \begin{pmatrix} \frac{1}{a^n} & \frac{1}{b^n} \\ b^{n-1} & a^{n-1} \end{pmatrix}, \quad \boldsymbol{B} = \begin{pmatrix} \frac{1}{a^n} & \frac{1}{b^n} \\ a^{n-1} & b^{n-1} \end{pmatrix}.$$

由 $S(\boldsymbol{A}) \geqslant S(\boldsymbol{B})$得证.

**例 3** 设 $0 \leqslant a_i \leqslant \frac{1}{2}$ 或 $\frac{1}{2} < a_i \leqslant 1 (i = 1, 2, \cdots, n)$.试证:

$$\prod_{i=1}^{n} a_i + \prod_{i=1}^{n} (1 - a_i) \geqslant \frac{1}{2^{n-1}}.$$

(《数学通报》1985 年第 12 期第 388 题)

**证** 设

$$\boldsymbol{A} = \begin{pmatrix} a_1 & 1 - a_1 & \frac{1}{2} & \frac{1}{2} & \cdots & \frac{1}{2} \\ a_2 & 1 - a_2 & \frac{1}{2} & \frac{1}{2} & \cdots & \frac{1}{2} \\ \vdots & \vdots & \vdots & \vdots & & \vdots \\ a_n & 1 - a_n & \frac{1}{2} & \frac{1}{2} & \cdots & \frac{1}{2} \end{pmatrix}_{n \times 2n}$$

可同序.

调整 $\boldsymbol{A}$,使每列恰有 $n-1$ 个$\frac{1}{2}$,得乱序矩阵 $\boldsymbol{B}$,则

$$S(\boldsymbol{A}) = \prod_{i=1}^{n} a_i + \prod_{i=1}^{n}(1-a_i) + \frac{n-1}{2^{n-1}},$$

$$S(\boldsymbol{B}) = \frac{n}{2^{n-1}}.$$

由 $S(\boldsymbol{A}) \geqslant S(\boldsymbol{B})$得证.

**例 4**　若 $a_1,a_2,\cdots,a_n>0,a_1+a_2+\cdots+a_n=s$,则:

(1) $\sum_{i=1}^{n} a_i^{n-1} \geqslant \left(\prod_{i=1}^{n} a_i\right)\left(\sum_{i=1}^{n} \frac{1}{a_i}\right)$;

(2) $(s-a_1)(s-a_2)\cdots(s-a_n) \geqslant (n-1)^n a_1 a_2 \cdots a_n$.

(《数学通报》1986 年第 6 期第 418 题即(1)中 $n=4$ 的情形)

**证**　设

$$\boldsymbol{A} = \begin{pmatrix} a_1 & a_2 & \cdots & a_n \\ a_1 & a_2 & \cdots & a_n \\ \vdots & \vdots & & \vdots \\ a_1 & a_2 & \cdots & a_n \end{pmatrix}_{(n-1)\times n}$$

可同序.

调整 $\boldsymbol{A}$,使第 $i$ 列恰缺少 $a_i$,得 $\boldsymbol{A}'$. 由 $S(\boldsymbol{A}) \geqslant S(\boldsymbol{A}')$得证(1);由 $T(\boldsymbol{A}') \geqslant T(\boldsymbol{A})$得证(2).

**例 5**　若 $a,b,c>0$,则

$$\begin{aligned} &(a+b+c)^5-(-a+b+c)^5-(a-b+c)^5 \\ &-(a+b-c)^5 \\ &\quad \geqslant 80abc(ab+bc+ca). \end{aligned}$$

（《数学通报》1984 年第 11 期第 323 题）

**证** 令 $x=-a+b+c, y=a-b+c, z=a+b-c$，

$$\begin{aligned}\text{原式左边} &= (x+y+z)^5-x^5-y^5-z^5\\ &=5(y+z)(z+x)(x+y)\\ &\quad\cdot(x^2+y^2+z^2+xy+yz+zx)\\ &=\frac{5}{2}(y+z)(z+x)(x+y)\\ &\quad\cdot[(x+y)^2+(y+z)^2+(z+x)^2]\\ &=80abc(a^2+b^2+c^2).\end{aligned}$$

所以原式化为 $a^2+b^2+c^2\geqslant ab+bc+ca$. 令

$$\boldsymbol{A}=\begin{pmatrix}a & b & c\\ a & b & c\end{pmatrix},\quad \boldsymbol{B}=\begin{pmatrix}a & b & c\\ b & c & a\end{pmatrix}.$$

由 $S(\boldsymbol{A})\geqslant S(\boldsymbol{B})$得证.

**例 6** 若 $a,b,c>0$，则

$$\frac{1}{a}+\frac{1}{b}+\frac{1}{c}\leqslant\frac{a^8+b^8+c^8}{a^3b^3c^3}.$$

（《数学通报》1983 年第 7 期第 241 题）

**证** 即证

$$a^8+b^8+c^8\geqslant a^2b^3c^3+a^3b^2c^3+a^3b^3c^2.$$

令

$$\boldsymbol{A}=\begin{pmatrix}a^2 & b^2 & c^2\\ a^3 & b^3 & c^3\\ a^3 & b^3 & c^3\end{pmatrix},\quad \boldsymbol{B}=\begin{pmatrix}a^2 & b^2 & c^2\\ b^3 & c^3 & a^3\\ c^3 & a^3 & b^3\end{pmatrix}\quad (a\leqslant b\leqslant c).$$

由 $S(\boldsymbol{A})\geqslant S(\boldsymbol{B})$得证.

**例 7** 若 $a_1,a_2,\cdots,a_n$ 成等比数列，则

$$a_1^n + a_2^n + \cdots + a_n^n \geqslant n(a_1 a_n)^{n/2}.$$

(《数学通报》1965 年第 10 期第 614 题)

**证** 令

$$A = \begin{pmatrix} a_1 & a_2 & \cdots & a_n \\ a_1 & a_2 & \cdots & a_n \\ \vdots & \vdots & & \vdots \\ a_1 & a_2 & \cdots & a_n \end{pmatrix}, \quad B = \begin{pmatrix} a_1 & a_2 & \cdots & a_n \\ a_2 & a_3 & \cdots & a_1 \\ \vdots & \vdots & & \vdots \\ a_n & a_1 & \cdots & a_{n-1} \end{pmatrix}.$$

由此得

$$\begin{aligned} a_1^n + a_2^n + \cdots + a_n^n = S(\boldsymbol{A}) \geqslant S(\boldsymbol{B}) &= n a_1 a_2 \cdots a_n \\ &= n a_1^n q^{1+2+\cdots+n-1} = n a_1^n q^{n(n-1)/2} \\ &= n(a_1 \cdot a_1 q^{n-1})^{n/2} = n(a_1 a_n)^{n/2}. \end{aligned}$$

**例 8** 设$\triangle ABC$的外半径$R=1$,$AD$,$BE$,$CF$是角平分线,$\Delta$是面积,求证:

$$\Delta \geqslant 2\sqrt{AF \cdot FB \cdot BD \cdot DC \cdot CE \cdot EA}.$$

(《数学通报》1985 年第 4 期第 327 题)

**证** 由于

$$\begin{aligned} &AF \cdot FB \cdot BD \cdot DC \cdot CE \cdot EA \\ &= \frac{a^4 b^4 c^4}{(a+b)^2 (b+c)^2 (c+a)^2}, \end{aligned}$$

$$\Delta = \frac{abc}{4R} = \frac{1}{4} abc,$$

原式化为

$$(a+b)(b+c)(c+a) \geqslant 8abc.$$

由 $T\begin{pmatrix} a & b & c \\ c & a & b \end{pmatrix} \geqslant T\begin{pmatrix} a & b & c \\ a & b & c \end{pmatrix}$得证.

**例 9** 设 $x^2+y^2=1$，试证：

$$\sqrt{a^2x^2+b^2y^2}+\sqrt{a^2y^2+b^2x^2}\geqslant a+b.$$

（《数学通报》1985 年第 8 期第 358 题）

**证** 两次平方可将原式化为

$$(a^2x^2+b^2y^2)(a^2y^2+b^2x^2)\geqslant a^2b^2.$$

令

$$\boldsymbol{A}=\begin{pmatrix} a^2b^2 & a^2b^2 & a^2x^2 & b^2x^2 \\ x^4 & y^4 & a^2y^2 & b^2y^2 \end{pmatrix}.$$

其第三列、第四列可同序，调整第三列、第四列得 $\boldsymbol{B}$.

$$S(\boldsymbol{A})=(a^2x^2+b^2y^2)(a^2y^2+b^2x^2),$$

$$S(\boldsymbol{B})=a^2b^2(x^2+y^2)^2=a^2b^2.$$

由 $S(\boldsymbol{A})\geqslant S(\boldsymbol{B})$得证.

**例 10** 设 $P$ 为$\triangle ABC$ 的费马点，即 $P$ 满足$\angle APB=\angle BPC=\angle CPA=\frac{2\pi}{3}$，$PA=x$，$PB=y$，$PC=z$，求证：

$$(x-y)^2+(y-z)^2+(z-x)^2$$
$$\geqslant(a-b)^2+(b-c)^2+(c-a)^2.$$

（《数学通报》1982 年第 12 期第 208 题）

**证** 对原式左边变形：

$$\begin{aligned}\text{原式左边}&=2(x^2+y^2+z^2)-2(xy+yz+zx)\\&=a^2+b^2+c^2-3(xy+yz+zx)\\&=a^2+b^2+c^2-4\sqrt{3}\Delta,\end{aligned}$$

从而原式化为

$$a^2+b^2+c^2\geqslant4\sqrt{3}\Delta+(a-b)^2+(b-c)^2+(c-a)^2$$

(2.1 节例 15 已证).

令 $a=q+r, b=r+p, c=p+q$,则上式化为

$$(p+q)^2+(q+r)^2+(r+p)^2 \geqslant (p-q)^2+(q-r)^2+(r-p)^2+4\sqrt{3}\Delta,$$

即 $(pq+qr+rp)^2 \geqslant 3pqr(p+q+r)$.

令

$$A=\begin{pmatrix} pq & qr & rp \\ pq & qr & rp \end{pmatrix},$$

$$B=\begin{pmatrix} pq & qr & rp \\ rp & pq & qr \end{pmatrix},$$

$$C=\begin{pmatrix} pq & qr & rp \\ qr & rp & pq \end{pmatrix},$$

则有

$$\begin{aligned}(pq+qr+rp)^2 &= S(\boldsymbol{A})+S(\boldsymbol{B})+S(\boldsymbol{C}) \\ &\geqslant 2S(\boldsymbol{B})+S(\boldsymbol{C}) \\ &= 3S(\boldsymbol{B}) \\ &= 3pqr(p+q+r).\end{aligned}$$

得证.

**例 11**　设 $b+c \geqslant a+x, c+a \geqslant b+y, a+b \geqslant c+z$,求证:

$$2(bc+ca+ab)+xy+yz+zx \geqslant 2(ax+by+cz)+a^2+b^2+c^2,$$

等号何时成立?(《数学通报》1983 年第 2 期第 219 题)

**证**　令

$$\boldsymbol{A}=\begin{pmatrix} a+x & b+c \\ b+y & c+a \end{pmatrix},\quad \boldsymbol{A}'=\begin{pmatrix} a+x & b+c \\ c+a & b+y \end{pmatrix},$$

$$\boldsymbol{B}=\begin{pmatrix} a+x & b+c \\ c+z & a+b \end{pmatrix},\quad \boldsymbol{B}'=\begin{pmatrix} a+x & b+c \\ a+b & c+z \end{pmatrix},$$

$$\boldsymbol{C}=\begin{pmatrix} b+y & c+a \\ c+z & a+b \end{pmatrix},\quad \boldsymbol{C}'=\begin{pmatrix} b+y & c+a \\ a+b & c+z \end{pmatrix}.$$

由 $S(\boldsymbol{A})+S(\boldsymbol{B})+S(\boldsymbol{C})\geqslant S(\boldsymbol{A}')+S(\boldsymbol{B}')+S(\boldsymbol{C}')$得证.

等号当且仅当 $a+x=b+c,b+y=c+a,c+z=a+b$ 中成立两个(当 $x=y=z=0$ 时,得$\triangle ABC$ 中的不等式).

**例 12**　在$\triangle ABC$ 中,$m_a,m_b,m_c$ 是相应边的中线,$\Delta$ 是面积,求证:

$$a(-m_a+m_b+m_c)+b(m_a-m_b+m_c)$$
$$+c(m_a+m_b-m_c)\geqslant 6\Delta.$$

(《数学通讯》1981 年第 4 期第 1 题)

**证**　设

$$\boldsymbol{M}=\begin{pmatrix} a & b & c \\ m_a & m_b & m_c \end{pmatrix},$$

$$\boldsymbol{M}'=\begin{pmatrix} a & b & c \\ m_c & m_a & m_b \end{pmatrix},$$

$$\boldsymbol{M}''=\begin{pmatrix} a & b & c \\ m_b & m_c & m_a \end{pmatrix},$$

其中 $\boldsymbol{M}$ 可全反序.由此得

$$S(\boldsymbol{M})\leqslant S(\boldsymbol{M}'),\quad S(\boldsymbol{M})\leqslant S(\boldsymbol{M}'').$$

从而有

$$
\begin{aligned}
&-S(\boldsymbol{M})+S(\boldsymbol{M}')+S(\boldsymbol{M}'')\\
&\quad\geqslant S(\boldsymbol{M})=am_a+bm_b+cm_c\\
&\quad\geqslant ah_a+bh_b+ch_c=6\Delta.
\end{aligned}
$$

得证.

把中线 $m_a,m_b,m_c$ 相应地换成高 $h_a,h_b,h_c$ 或角平分线 $t_a,t_b,t_c$，也可立即得到类似的不等式.

类似地，有 $(a+b+c)(h_a+h_b+h_c)\geqslant 18\Delta$. 注意 $\Delta=rs$，有 $h_a+h_b+h_c\geqslant 9r$.

**例 13** 设△$ABC$ 内切圆的平行于边的三条切线，被两边所截的三条线段长为 $p_1,p_2,p_3$. 求证：$abc\geqslant 27p_1p_2p_3$.（《数学通讯》1981 年第 5 期第 2 题）

**证** 易知

$$2\Delta=ah_1=2rs,\quad \frac{p_1}{a}=\frac{h_1-2r}{h_1}=1-\frac{a}{s}.$$

令

$$\boldsymbol{M}=\begin{pmatrix}1-\frac{a}{s} & 1-\frac{b}{s} & 1-\frac{c}{s}\\ 1-\frac{a}{s} & 1-\frac{b}{s} & 1-\frac{c}{s}\\ 1-\frac{a}{s} & 1-\frac{b}{s} & 1-\frac{c}{s}\end{pmatrix}$$

可同序.

调整 $\boldsymbol{M}$，使 $1-\frac{a}{s},1-\frac{b}{s},1-\frac{c}{s}$ 进入每列，得 $\boldsymbol{M}'$. 由此得

$$\frac{27p_1p_2p_3}{abc}=T(\boldsymbol{M})\leqslant T(\boldsymbol{M}')=1.$$

得证.

**例 14** 设$\triangle ABC$的内切圆切点三角形为$\triangle A_1B_1C_1$.求证:$abc\geqslant 8a_1b_1c_1$.(《数学通讯》1981 年第 5 期第 3 题)

**证** 可令$a=y+z,b=z+x,c=x+y(x,y,z>0)$,则有

$$a_1b_1c_1 = 2x\sin\frac{A}{2}\cdot 2y\sin\frac{B}{2}\cdot 2z\sin\frac{C}{2}$$
$$= 8xyz\sqrt{\frac{yz}{bc}}\sqrt{\frac{zx}{ca}}\sqrt{\frac{xy}{ab}} = \frac{8x^2y^2z^2}{abc}.$$

所以原式可化为$abc\geqslant 8xyz$,即

$$(x+y)(y+z)(z+x)\geqslant 8xyz.$$

由$T\begin{pmatrix} x & y & z \\ y & z & x \end{pmatrix}\geqslant T\begin{pmatrix} x & y & z \\ x & y & z \end{pmatrix}$得证.

**例 15** 设$\triangle ABC$的内切圆半径为$r$,傍切圆半径为$r_a$,$r_b,r_c$.求证:$r_ar_br_c\geqslant 27r^3$.(《数学通讯》1981 年第 5 期第 4 题)

**证** 可令$a=y+z,b=z+x,c=x+y(xyz>0)$,则$r=\sqrt{\frac{xyz}{x+y+z}}$,$r_a=z\cot\frac{B}{2}=z\frac{y}{r}$.从而原式可化为

$$\frac{zy}{r}\cdot\frac{xy}{r}\cdot\frac{zx}{r}\geqslant 27r^3,$$

即

$$(x+y+z)^3\geqslant 27xyz.$$

令

$$\boldsymbol{A}=\begin{pmatrix} x & y & z \\ y & z & x \\ z & x & y \end{pmatrix},\quad \boldsymbol{B}=\begin{pmatrix} x & y & z \\ x & y & z \\ x & y & z \end{pmatrix}.$$

由 $T(\boldsymbol{A})\geqslant T(\boldsymbol{B})$得证.

顺便提一下,例 12～例 15 的原解答约有 4 000 字,但并不比此处更清晰.

**例 16** 若 $x_i>0(i=1,2,\cdots,n)$,且

$$\frac{1}{1+x_1}+\frac{1}{1+x_2}+\cdots+\frac{1}{1+x_n}=1,$$

则 $x_1x_2\cdots x_n\geqslant(n-1)^n$.(《数学通讯》1986 年第 9 期有奖征解题第 1 题)

**证** 设

$$\boldsymbol{A}=\begin{pmatrix}\frac{1}{1+x_1} & \frac{1}{1+x_2} & \cdots & \frac{1}{1+x_n}\\ \frac{1}{1+x_1} & \frac{1}{1+x_2} & \cdots & \frac{1}{1+x_n}\\ \vdots & \vdots & & \vdots\\ \frac{1}{1+x_1} & \frac{1}{1+x_2} & \cdots & \frac{1}{1+x_n}\end{pmatrix}_{(n-1)\times n}$$

可同序.调整 $\boldsymbol{A}$,使第 $k$ 列恰缺$\frac{1}{1+x_k}(k=1,2,\cdots,n)$,得乱序矩阵 $\boldsymbol{B}$.

由 $T(\boldsymbol{A})\leqslant T(\boldsymbol{B})$得

$$\frac{(n-1)^n}{\prod_{k=1}^{n}(1+x_k)}\leqslant\prod_{k=1}^{n}\left(1-\frac{1}{1+x_k}\right)=\frac{\prod_{k=1}^{n}x_k}{\prod_{k=1}^{n}(1+x_k)},$$

即 $\prod_{k=1}^{n}x_k\geqslant(n-1)^n$.

**例 17** 求证:$\sum_{i=1}^{n}\sin A_i\leqslant n-1+\prod_{i=1}^{n}\sin A_i$.(《数学通

讯》1986 年第 1 期)

**证**　令

$$A=\begin{pmatrix}\sin A_1 & 1 & \cdots & 1\\ 1 & \sin A_2 & \cdots & 1\\ \vdots & \vdots & & \vdots\\ 1 & 1 & \cdots & \sin A_n\end{pmatrix},$$

$$B=\begin{pmatrix}\sin A_1 & 1 & \cdots & 1\\ \sin A_2 & 1 & \cdots & 1\\ \vdots & \vdots & & \vdots\\ \sin A_n & 1 & \cdots & 1\end{pmatrix}.$$

由 $S(\boldsymbol{A})\leqslant S(\boldsymbol{B})$得证.

**例 18**　若 $x_i,y_i\geqslant 0,x_i+y_i=1(i=1,2,\cdots,n)$,则 $\prod_{i=1}^{n}x_i+\sum_{i=1}^{n}y_i\geqslant 1$.(《数学通讯》1982 年第 10 期)

**证**　令

$$\boldsymbol{A}=\begin{pmatrix}x_1 & 1 & \cdots & 1\\ x_2 & 1 & \cdots & 1\\ \vdots & \vdots & & \vdots\\ x_n & 1 & \cdots & 1\end{pmatrix},\quad \boldsymbol{B}=\begin{pmatrix}x_1 & 1 & \cdots & 1\\ 1 & x_2 & \cdots & 1\\ \vdots & \vdots & & \vdots\\ 1 & 1 & \cdots & x_n\end{pmatrix}.$$

由 $S(\boldsymbol{A})\geqslant S(\boldsymbol{B})$有

$$\prod_{i=1}^{n}x_i+n-1\geqslant\sum_{i=1}^{n}x_i=n-\sum_{i=1}^{n}y_i.$$

得证.

注意,若对上述矩阵用 $T$ 不等式,则有

$n^{n-1}(x_1+x_2+\cdots+x_n)\leqslant(n-y_1)(n-y_2)\cdots(n-y_n)$.

类似地，有

$n^{n-1}(y_1+y_2+\cdots+y_n)\leqslant(n-x_1)(n-x_2)\cdots(n-x_n)$.

以上两式相加，得

$$\prod_{i=1}^{n}(n-x_i)+\prod_{i=1}^{n}(n-y_i)\geqslant n^n.$$

**例 19** 若 $0<x_1,x_2,\cdots,x_n<1$，则

$$p=x_1x_2\cdots x_n\leqslant\left(\frac{1}{2}\right)^n$$

或

$$q=(1-x_1)(1-x_2)\cdots(1-x_n)\leqslant\left(\frac{1}{2}\right)^n.$$

(《中学数学》1984 年第 8 期)

**证** 令

$$A=\begin{pmatrix}x_1 & x_2 & \cdots & x_n & 1-x_1 & 1-x_2 & \cdots & 1-x_n\\ x_1 & x_2 & \cdots & x_n & 1-x_1 & 1-x_2 & \cdots & 1-x_n\end{pmatrix},$$

$$B=\begin{pmatrix}x_1 & x_2 & \cdots & x_n & 1-x_1 & 1-x_2 & \cdots & 1-x_n\\ 1-x_1 & 1-x_2 & \cdots & 1-x_n & x_1 & x_2 & \cdots & x_n\end{pmatrix}.$$

由 $T(\boldsymbol{A})\leqslant T(\boldsymbol{B})=1$ 可得

$$pq\leqslant\left(\frac{1}{2}\right)^n\left(\frac{1}{2}\right)^n,$$

因此

$$p\leqslant\left(\frac{1}{2}\right)^n\quad 或\quad q\leqslant\left(\frac{1}{2}\right)^n.$$

**例 20** 若 $a,b,c\geqslant0,(1+a)(1+b)(1+c)=8$，则 $abc\leqslant1$.(《中学数学》1984 年第 8 期)

**证** 令

$$A = \begin{pmatrix} a & b & c & 1 & 1 & 1 \\ a & b & c & 1 & 1 & 1 \end{pmatrix},$$

$$B = \begin{pmatrix} a & b & c & 1 & 1 & 1 \\ 1 & 1 & 1 & a & b & c \end{pmatrix}.$$

由此得

$$\begin{aligned} 2^6 abc = T(\boldsymbol{A}) &\leqslant T(\boldsymbol{B}) \\ &= (a+1)^2(b+1)^2(c+1)^2 = 2^6. \end{aligned}$$

化简得 $abc \leqslant 1$.

**例 21** 若 $a_i > 0(i = 1,2,\cdots,n)$，$\sum_{i=1}^{n} a_i = 1$，则

$$\prod_{i=1}^{n}(1 + a_i) \leqslant \left(1 + \frac{1}{n}\right)^n.$$

(《不等式》，江苏教育出版社，1984)

**证** 令

$$\boldsymbol{A} = \begin{pmatrix} \frac{1}{n} & a_1 & a_1 & \cdots & a_1 \\ \frac{1}{n} & a_1 & a_2 & \cdots & a_2 \\ \frac{1}{n} & a_2 & a_2 & \cdots & a_3 \\ \vdots & \vdots & \vdots & & \vdots \\ \frac{1}{n} & a_n & a_n & \cdots & a_n \end{pmatrix}_{(n+1)\times(n+1)},$$

则 $\boldsymbol{A}$ 可同序，其中第 $k+1$ 列有两个 $a_k$，其余全有. 调整 $\boldsymbol{A}$，使$\frac{1}{n}$，$a_1, a_2, \cdots, a_n$ 进入每一列，得 $\boldsymbol{A}'$，则 $T(\boldsymbol{A}) \leqslant T(\boldsymbol{A}')$.

由此得

$$\left(1+\frac{1}{n}\right)(1+a_1)(1+a_2)\cdots(1+a_n)\leqslant\left(1+\frac{1}{n}\right)^{n+1}.$$

得证.

**例 22** 若 $a_1,a_2,\cdots,a_n>0$,

$$A_n=\frac{1}{n}(a_1+a_2+\cdots+a_n),\quad G_n=(a_1a_2\cdots a_n)^{1/n},$$

则

$$(1+G_n)^n\leqslant(1+a_1)(1+a_2)\cdots(1+a_n)\leqslant(1+A_n)^n.$$

(右半部分见江苏教育出版社《不等式》,左半部分见《福建中学数学》1982 年第 3 期 22 页)

**证** 令

$$\boldsymbol{A}=\begin{pmatrix}1+a_1 & 1+a_2 & \cdots & 1+a_n\\ 1+a_1 & 1+a_2 & \cdots & 1+a_n\\ \vdots & \vdots & & \vdots\\ 1+a_1 & 1+a_2 & \cdots & 1+a_n\end{pmatrix}_{n\times n},$$

则 $\boldsymbol{A}$ 可同序. 调整 $\boldsymbol{A}$,使 $a_1,a_2,\cdots,a_n$ 进入每一列,得 $\boldsymbol{B}$. 由此得

$$T(\boldsymbol{A})=n^n(1+a_1)(1+a_2)\cdots(1+a_n),$$

$$T(\boldsymbol{B})=(n+a_1+a_2+\cdots+a_n)^n=n^n(1+A_n)^n.$$

由 $T(\boldsymbol{A})\leqslant T(\boldsymbol{B})$得证右半不等式.

类似地,有

$$(1-a_1)(1-a_2)\cdots(1-a_n)\leqslant(1-A_n)^n,$$

其中 $0\leqslant a_1,a_2,\cdots,a_n\leqslant 1$.

为了证明左半不等式,考虑两个矩阵:

$$M=\begin{pmatrix}\left(\frac{a_1}{1+a_1}\right)^{1/n} & \left(\frac{a_2}{1+a_2}\right)^{1/n} & \cdots & \left(\frac{a_n}{1+a_n}\right)^{1/n}\\ \left(\frac{a_1}{1+a_1}\right)^{1/n} & \left(\frac{a_2}{1+a_2}\right)^{1/n} & \cdots & \left(\frac{a_n}{1+a_n}\right)^{1/n}\\ \vdots & \vdots & & \vdots\\ \left(\frac{a_1}{1+a_1}\right)^{1/n} & \left(\frac{a_2}{1+a_2}\right)^{1/n} & \cdots & \left(\frac{a_n}{1+a_n}\right)^{1/n}\end{pmatrix}_{n\times n}$$

可同序，

$$N=\begin{pmatrix}\left(\frac{1}{1+a_1}\right)^{1/n} & \left(\frac{1}{1+a_2}\right)^{1/n} & \cdots & \left(\frac{1}{1+a_n}\right)^{1/n}\\ \left(\frac{1}{1+a_1}\right)^{1/n} & \left(\frac{1}{1+a_2}\right)^{1/n} & \cdots & \left(\frac{1}{1+a_n}\right)^{1/n}\\ \vdots & \vdots & & \vdots\\ \left(\frac{1}{1+a_1}\right)^{1/n} & \left(\frac{1}{1+a_2}\right)^{1/n} & \cdots & \left(\frac{1}{1+a_n}\right)^{1/n}\end{pmatrix}_{n\times n}$$

可同序. 调整 $\boldsymbol{M},\boldsymbol{N}$，使 $a_1,a_2,\cdots,a_n$ 进入每一列，分别得 $\boldsymbol{M}',\boldsymbol{N}'$. 因此

$$S(\boldsymbol{M})+S(\boldsymbol{N})=n,$$

$$S(\boldsymbol{M}')+S(\boldsymbol{N}')=n\frac{1+G_n}{\sqrt[n]{(1+a_1)\cdots(1+a_n)}}.$$

由 $S(\boldsymbol{M})+S(\boldsymbol{N})\geqslant S(\boldsymbol{M}')+S(\boldsymbol{N}')$ 得

$$(1+G_n)^n\leqslant(1+a_1)(1+a_2)\cdots(1+a_n).$$

得证.

由例 22 知 $(1+G_n^2)^n\leqslant(1+a_1^2)(1+a_2^2)\cdots(1+a_n^2)$，两边约去 $G_n^n$，有

$$(G_n+G_n^{-1})^n\leqslant(a_1+a_1^{-1})(a_2+a_2^{-1})\cdots(a_n+a_n^{-1}).$$

**例 23** 求证：

$$(m+1)(m+2)\cdots(m+2n-1)\leqslant(m+n)^{2n-1}.$$

(《不等式》,江苏教育出版社,1984)

**证** 令

$$A=\begin{pmatrix} m+1 & m+2 & \cdots & m+2n-1 \\ m+1 & m+2 & \cdots & m+2n-1 \\ \vdots & \vdots & & \vdots \\ m+1 & m+2 & \cdots & m+2n-1 \end{pmatrix}_{(2n-1)\times(2n-1)},$$

则 $\boldsymbol{A}$ 是同序的.调整 $\boldsymbol{A}$,使 $m+1,m+2,\cdots,m+2n-1$ 进入每一列,得 $\boldsymbol{B}$.因此

$$T(\boldsymbol{A})=(2n-1)^{2n-1}(m+1)(m+2)\cdots(m+2n-1),$$

$$T(\boldsymbol{B})=[(2n-1)m+(1+2+\cdots+2n-1)]^{2n-1}$$
$$=(2n-1)^{2n-1}(m+n)^{2n-1}.$$

由 $T(\boldsymbol{A})\leqslant T(\boldsymbol{B})$得证.

**例 24** 在$\triangle ABC$ 中,求证：

$$a^4+b^4+c^4-(a-b)^4-(b-c)^4-(c-a)^4$$
$$\geqslant(a+b+c)(-a+b+c)(a-b+c)(a+b-c).$$

(《数学教学》1986 年第 1 期)

**证** 由于$\triangle ABC$ 有内切圆,可令 $a=y+z,b=z+x,c=x+y(x,y,z>0)$(再三强调,此代换很重要,常可把三角、几何问题变为纯代数问题).计算得

$$a^4-(a-b)^4$$
$$=[(y+z)^2+(y-x)^2][(y+z)^2-(y-x)^2]$$
$$=[2y^2+2y(z-x)+z^2+x^2]$$

$$\begin{aligned}
&\cdot[2y(z+x)+z^2-x^2]\\
&=4y^3(z+x)+6y^2(z^2-x^2)\\
&\quad+4y(z+x)(z^2+x^2-zx)+z^4-x^4\\
&=4y(z+x)(x^2+y^2+z^2)-4xyz(z+x)\\
&\quad+(z^2-x^2)(x^2+6y^2+z^2).
\end{aligned}$$

所以

$$\begin{aligned}
&a^4-(a-b)^4+b^4-(b-c)^4+c^4-(c-a)^4\\
&\quad=4(x^2+y^2+z^2)[y(z+x)+z(x+y)+x(y+z)]\\
&\qquad-4xyz(z+x+x+y+y+z)\\
&\quad=8(x^2+y^2+z^2)(xy+yz+zx)-8xyz(x+y+z),\\
&(a+b+c)(-a+b+c)(a-b+c)(a+b-c)\\
&\quad=16xyz(x+y+z).
\end{aligned}$$

从而原不等式可化为

$$(x^2+y^2+z^2)(xy+yz+zx)\geqslant 3xyz(x+y+z).$$

因为 $\boldsymbol{A}=\begin{pmatrix}x^2 & y^2 & z^2\\ yz & zx & xy\end{pmatrix}$ 可全反序，

$$\boldsymbol{B}=\begin{pmatrix}x^2 & y^2 & z^2\\ xy & yz & zx\end{pmatrix},\quad \boldsymbol{C}=\begin{pmatrix}x^2 & y^2 & z^2\\ zx & xy & yz\end{pmatrix}$$

是 $\boldsymbol{A}$ 的乱序矩阵，所以

$$S(\boldsymbol{A})+S(\boldsymbol{B})+S(\boldsymbol{C})\geqslant 3S(\boldsymbol{A}).$$

得证.

**例 25** $\sin^{10}\theta+\cos^{10}\theta\geqslant\frac{1}{16}$.(《数学教学》1985 年第6 期)

**证** 令

$$A=\begin{pmatrix}\sin^2\theta & \cos^2\theta & \lambda & \lambda & \lambda & \lambda & \lambda & \lambda & \lambda & \lambda\\ \sin^2\theta & \cos^2\theta & \lambda & \lambda & \lambda & \lambda & \lambda & \lambda & \lambda & \lambda\\ \sin^2\theta & \cos^2\theta & \lambda & \lambda & \lambda & \lambda & \lambda & \lambda & \lambda & \lambda\\ \sin^2\theta & \cos^2\theta & \lambda & \lambda & \lambda & \lambda & \lambda & \lambda & \lambda & \lambda\\ \sin^2\theta & \cos^2\theta & \lambda & \lambda & \lambda & \lambda & \lambda & \lambda & \lambda & \lambda\end{pmatrix}.$$

调整 $\boldsymbol{A}$,使五列中有 $\sin^2\theta$,另五列中有 $\cos^2\theta$,得 $\boldsymbol{A}'$. 所以

$$S(\boldsymbol{A})=\sin^{10}\theta+\cos^{10}\theta+8\lambda^5,\quad S(\boldsymbol{A}')=5\lambda^4.$$

由 $S(\boldsymbol{A})\geqslant S(\boldsymbol{A}')$,得 $\sin^{10}\theta+\cos^{10}\theta\geqslant\lambda^4(5-8\lambda)$,取 $\lambda=\dfrac{1}{2}$,得证.

**例 26** 若 $a_1,a_2,\cdots,a_n>0$,

$$a_1+2a_2+\cdots+na_n=n(n+1),$$

则 $a_1^2+2a_2^2+\cdots+na_n^2\geqslant 2n(n+1)$.(《数学教学》1984 年第 3 期)

**证** 考虑 $2\times[n(n+1)]$矩阵

$$A=\begin{pmatrix}a_1 & a_2 & a_2 & a_3 & a_3 & a_3 & \cdots & a_n & \cdots & a_n & \lambda & \cdots & \lambda\\ a_1 & a_2 & a_2 & a_3 & a_3 & a_3 & \cdots & a_n & \cdots & a_n & \lambda & \cdots & \lambda\end{pmatrix}$$

调整 $\boldsymbol{A}$,使每列中恰有一个 $\lambda$,得 $\boldsymbol{B}$. 所以

$$S(\boldsymbol{A})=a_1^2+2a_2^2+\cdots+na_n^2+\frac{\lambda^2}{2}n(n+1),$$

$$S(\boldsymbol{B})=2\lambda(a_1+2a_2+\cdots+na_n)=2\lambda n(n+1).$$

由 $S(\boldsymbol{A})\geqslant S(\boldsymbol{B})$得

$$a_1^2+2a_2^2+\cdots+na_n^2\geqslant 2n(n+1)\lambda\left(1-\frac{\lambda}{4}\right).$$

取 $\lambda=2$,得证.

**例 27**　若 $a,b,c>0$,则

$$\frac{a^2}{b+c}+\frac{b^2}{c+a}+\frac{c^2}{a+b}\geqslant\frac{1}{2}(a+b+c).$$

(《教学与研究》1986 年第 8 期)

**证**　令

$$\boldsymbol{M}=\begin{pmatrix}\frac{\lambda a}{\sqrt{b+c}} & \frac{\lambda b}{\sqrt{c+a}} & \frac{\lambda c}{\sqrt{a+b}} & \frac{\sqrt{b+c}}{u} & \frac{\sqrt{c+a}}{u} & \frac{\sqrt{a+b}}{u}\\ \frac{\lambda a}{\sqrt{b+c}} & \frac{\lambda b}{\sqrt{c+a}} & \frac{\lambda c}{\sqrt{a+b}} & \frac{\sqrt{b+c}}{u} & \frac{\sqrt{c+a}}{u} & \frac{\sqrt{a+b}}{u}\end{pmatrix},$$

则 $\boldsymbol{M}$ 可同序.调整 $\boldsymbol{M}$ 的第二行,使第一列、第四列,第二列、第五列,第三列、第六列对换,得 $\boldsymbol{M}'$.由 $S(\boldsymbol{M})\geqslant S(\boldsymbol{M}')$有

$$\lambda^2\left(\frac{a^2}{b+c}+\frac{b^2}{c+a}+\frac{c^2}{a+b}\right)+\frac{2}{u^2}(a+b+c)$$

$$\geqslant\frac{2\lambda}{u}(a+b+c).$$

因此

$$\frac{a^2}{b+c}+\frac{b^2}{c+a}+\frac{c^2}{a+b}\geqslant\frac{2(\lambda u-1)}{\lambda^2u^2}(a+b+c).$$

取 $\lambda u=2$,得证.

**例 28**　求证:

$$\prod_{k=3}^{n}k^{1/k}\geqslant\left(\frac{n!}{2}\right)^{2/(n+3)}.$$

(《教学与研究》1986 年第 8 期)

**证**　令

$$\boldsymbol{A}_l=\begin{pmatrix}\frac{\ln 3}{3} & \frac{\ln 4}{4} & \cdots & \frac{\ln n}{n}\\ 3+l & 4+l & \cdots & n+l\end{pmatrix}\quad(l=0,1,\cdots,n-3).$$

规定 $n-2=0$. 因为 $\boldsymbol{A}_0$ 是全反序的,所以 $S(\boldsymbol{A}_0)\leqslant S(\boldsymbol{A}_l)$. 由此得

$$(n-2)S(\boldsymbol{A}_0)\leqslant \sum_{l=0}^{n-3} S(\boldsymbol{A}_l)$$

$$=(3+4+\cdots+n)\left(\frac{\ln 3}{3}+\frac{\ln 4}{4}+\cdots+\frac{\ln n}{n}\right).$$

所以

$$(n-2)\ln\frac{n!}{2}\leqslant\frac{(n+3)(n-2)}{2}\ln\left(\prod_{k=3}^{n} k^{1/k}\right).$$

因而

$$\ln\left(\frac{n!}{2}\right)^{2/(n+3)}\leqslant\ln\left(\prod_{k=3}^{n} k^{1/k}\right).$$

得证.

**例 29** 在△$ABC$ 中,$G$ 是重心.求证:

$$GA+GB+GC\leqslant\sqrt{a^2+b^2+c^2}.$$

(《数学通讯》1983 年第 3 期)

**证** 易知

$$GA=\frac{2}{3}m_a,\quad 4m_a^2=2b^2+2c^2-a^2,$$

所以

$$GA^2+GB^2+GC^2=\frac{1}{3}(a^2+b^2+c^2)=\frac{1}{3}p^2.$$

令

$$\boldsymbol{M}=\begin{pmatrix} GA & GB & GC & \lambda p & \lambda p & \lambda p \\ GA & GB & GC & \lambda p & \lambda p & \lambda p \end{pmatrix},$$

则 $\boldsymbol{M}$ 可同序.调整 $\boldsymbol{M}$,使 $\lambda p$ 进入每列,得 $\boldsymbol{M}'$.

$$S(\boldsymbol{M}) = GA^2 + GB^2 + GC^2 + 2\lambda^2 p^2 = \left(\frac{1}{3} + 3\lambda^2\right)p^2,$$

$$S(\boldsymbol{M}') = 2\lambda p(GA + GB + GC).$$

由 $S(\boldsymbol{M}') \leqslant S(\boldsymbol{M})$ 得

$$GA + GB + GC \leqslant \frac{1}{2}\left(\frac{1}{3\lambda} + 3\lambda\right)p,$$

取 $\lambda = \dfrac{1}{3}$,得证.

**例 30** 求证:

$$\left(\frac{n+1}{2}\right)^{n(n+1)/2} \leqslant 2^2 \cdot 3^3 \cdots n^n \leqslant \left(\frac{2n+1}{3}\right)^{n(n+1)/2}.$$

(上海师大《中学数学教学》)

**证** 具有 $k$ 列 $\dfrac{1}{k}$ 的方阵

$$\boldsymbol{A} = \begin{pmatrix} 1 & \frac{1}{2} & \frac{1}{2} & \cdots & \frac{1}{n} & \cdots & \frac{1}{n} \\ 1 & \frac{1}{2} & \frac{1}{2} & \cdots & \frac{1}{n} & \cdots & \frac{1}{n} \\ \vdots & \vdots & \vdots & & \vdots & & \vdots \\ 1 & \frac{1}{2} & \frac{1}{2} & \cdots & \frac{1}{n} & \cdots & \frac{1}{n} \end{pmatrix}$$

可同序,调整 $\boldsymbol{A}$,使每列恰有 $k$ 个 $\dfrac{1}{k}$,得 $\boldsymbol{A}'$. 由 $T(\boldsymbol{A}) \leqslant T(\boldsymbol{A}')$ 有

$$\left[\frac{n(n+1)}{2}\right]^{n(n+1)/2} \frac{1}{2^2}\frac{1}{3^3}\cdots\frac{1}{n^n} \leqslant n^{n(n+1)/2}.$$

整理得

$$\left(\frac{n+1}{2}\right)^{n(n+1)/2} \leqslant 2^2 \cdot 3^3 \cdots n^n.$$

具有 $k$ 列 $k$ 的方阵

$$\boldsymbol{B} = \begin{pmatrix} 1 & 2 & 2 & \cdots & n & \cdots & n \\ 1 & 2 & 2 & \cdots & n & \cdots & n \\ \vdots & \vdots & \vdots & & \vdots & & \vdots \\ 1 & 2 & 2 & \cdots & n & \cdots & n \end{pmatrix}$$

是同序的，调整 $\boldsymbol{B}$，使每列恰有 $k$ 个 $k$，得 $\boldsymbol{B}'$. 由 $T(\boldsymbol{B}) \leqslant T(\boldsymbol{B}')$ 有

$$\begin{aligned} &\left[\frac{n(n+1)}{2}\right]^{n(n+1)/2} \cdot 2^2 \cdot 3^3 \cdots n^n \\ &\leqslant (1 + 2^2 + \cdots + n^2)^{n(n+1)/2} \\ &= \left[\frac{1}{6}n(n+1)(2n+1)\right]^{n(n+1)/2}, \end{aligned}$$

整理得

$$2^2 \cdot 3^3 \cdots n^n \leqslant \left(\frac{2n+1}{3}\right)^{n(n+1)/2}.$$

**例 31** 若 $0 < a \leqslant b \leqslant c \leqslant \frac{1}{2}$，则

$$\frac{1}{a(1-b)} + \frac{1}{b(1-a)} \geqslant \frac{2}{c(1-c)}.$$

（《中学数学教学》1986 年第 5 期）

**证** 由 $1 \geqslant a + b$ 得 $a - b \leqslant a^2 - b^2$. 从而有

$$a(1-a) \leqslant b(1-b) \leqslant c(1-c).$$

令

$$A=\begin{pmatrix}\dfrac{1}{1-b} & \dfrac{1}{1-a}\\ \dfrac{1}{a} & \dfrac{1}{b}\end{pmatrix},\quad B=\begin{pmatrix}\dfrac{1}{1-b} & \dfrac{1}{1-a}\\ \dfrac{1}{b} & \dfrac{1}{a}\end{pmatrix}.$$

可知

$$\begin{aligned}\frac{1}{a(1-b)}+\frac{1}{b(1-a)}=S(A)\geqslant S(B)&\\ &=\frac{1}{a(1-a)}+\frac{1}{b(1-b)}\\ &\geqslant\frac{2}{c(1-c)}.\end{aligned}$$

一般地,若 $0<a_1\leqslant a_2\leqslant\cdots\leqslant a_n\leqslant\dfrac{1}{2}$,$b_1b_2\cdots b_n$ 是 $a_1$,$a_2,\cdots,a_n$ 的排列,则

$$\frac{1}{a_1(1-b_1)}+\frac{1}{a_2(1-b_2)}+\cdots+\frac{1}{a_n(1-b_n)}\geqslant\frac{n}{a_n(1-a_n)}.$$

**例 32** 若 $a_1\geqslant a_2\geqslant\cdots\geqslant a_n>0$,$b_n\geqslant b_{n-1}\geqslant\cdots\geqslant b_1>0$,则

$$\frac{1}{n}\left(\frac{a_1}{b_1}+\frac{a_2}{b_2}+\cdots+\frac{a_n}{b_n}\right)\geqslant\frac{a_1+a_2+\cdots+a_n}{b_1+b_2+\cdots+b_n}.$$

(江苏《中学数学》1983 年第 4 期)

**证** 令

$$A_l=\begin{pmatrix}\dfrac{1}{b_1} & \dfrac{1}{b_2} & \cdots & \dfrac{1}{b_n}\\ a_{1+l} & a_{2+l} & \cdots & a_{n+l}\end{pmatrix},$$

$$B_l=\begin{pmatrix}\dfrac{1}{b_1} & \dfrac{1}{b_2} & \cdots & \dfrac{1}{b_n}\\ b_{1+l} & b_{2+l} & \cdots & b_{n+l}\end{pmatrix}$$

$(l=0,1,\cdots,n-1,n=0)$. 有 $S(\boldsymbol{A}_0)\geqslant S(\boldsymbol{A}_l)$, $S(\boldsymbol{B}_l)\geqslant S(\boldsymbol{B}_0)$. 因此

$$n^2 = nS(\boldsymbol{B}_0)\leqslant \sum_{l=0}^{n-1}S(\boldsymbol{B}_l) = \Big(\sum_{i=1}^{n} b_i\Big)\Big(\sum_{i=1}^{n}\frac{1}{b_i}\Big),$$

$$\begin{aligned} nS(\boldsymbol{A}_0) &\geqslant \sum_{l=0}^{n-1}S(\boldsymbol{A}_l) = \Big(\sum_{i=1}^{n} a_i\Big)\Big(\sum_{i=1}^{n}\frac{1}{b_i}\Big) \\ &\geqslant \Big(\sum_{i=1}^{n} a_i\Big)\frac{n^2}{\sum\limits_{i=1}^{n} b_i}. \end{aligned}$$

由此得

$$\frac{1}{n}\sum_{i=1}^{n}\frac{a_i}{b_i}\geqslant\frac{\sum\limits_{i=1}^{n}a_i}{\sum\limits_{i=1}^{n}b_i}.$$

**例 33** 若 $x>0$, $n\leqslant m$, $m,n$ 是自然数, 则 $\dfrac{x^n-1}{n}\leqslant\dfrac{x^m-1}{m}$.(福建《中学数学》1982 年第 1 期)

**证** 原式可化为

$$mx^n+n\leqslant nx^m+m.$$

令

$$\boldsymbol{A}=\begin{pmatrix} x & \cdots & x & 1 & \cdots & 1\\ x & \cdots & x & 1 & \cdots & 1\\ \vdots & & \vdots & \vdots & & \vdots\\ \underbrace{x \ \ \cdots \ \ x}_{n列} & & & \underbrace{1 \ \ \cdots \ \ 1}_{m-n列} & & \end{pmatrix}_{m\times m},$$

则 $\boldsymbol{A}$ 可同序, 调整 $\boldsymbol{A}$, 使每列有 $m-n$ 个 1, 得 $\boldsymbol{A}'$. 由 $S(\boldsymbol{A}')$

$\leqslant S(\boldsymbol{A})$得证.

注意,这里可推得 $m,n$ 是正实数的情形. 事实上,对有理数 $\alpha=\frac{m}{M}\geqslant\beta=\frac{n}{M}>0$($m,n,M$ 是自然数),令 $x=y^M$,则 $x^\alpha=y^m$,$x^\beta=y^n$. 由

$$\frac{y^m-1}{\frac{m}{M}}\geqslant\frac{y^n-1}{\frac{n}{M}}$$

得$\frac{x^\alpha-1}{\alpha}\geqslant\frac{x^\beta-1}{\beta}$.

对实数 $\alpha\geqslant\beta>0$,令有理数列$\{\alpha_s\}\to\alpha$,$\{\beta_s\}\to\beta$,对$\frac{x^{\alpha_s}-1}{\alpha_s}\geqslant\frac{x^{\beta_s}-1}{\beta_s}$两边取极限,有

$$\frac{x^\alpha-1}{\alpha}\geqslant\frac{x^\beta-1}{\beta}.$$

**例 34**　若 $a_0>a_1>\cdots>a_n$,则

$$\frac{b_0^2}{a_0-a_1}+\frac{b_1^2}{a_1-a_2}+\cdots+\frac{b_{n-1}^2}{a_{n-1}-a_n}$$
$$\geqslant\frac{n(b_0^2+b_1^2+\cdots+b_{n-1}^2)}{a_0-a_n}.$$

**证**　令

$$\boldsymbol{A}_l=\begin{pmatrix}\frac{b_0}{a_0-a_1} & \cdots & \frac{b_{n-1}}{a_{n-1}-a_n}\\ b_0(a_{0+l}-a_{1+l}) & \cdots & b_{n-1}(a_{n-1+l}-a_{n+l})\end{pmatrix}$$

($l=0,1,\cdots,n-1,n$),$\boldsymbol{A}_1,\boldsymbol{A}_2,\cdots,\boldsymbol{A}_n$ 是全反序矩阵 $\boldsymbol{A}_0$ 的乱序矩阵. 由

$$S(\boldsymbol{A}_0)\leqslant S(\boldsymbol{A}_l)\quad(l=0,1,\cdots,n-1)$$

可得

$$n(b_0^2+b_1^2+\cdots+b_{n-1}^2)$$
$$=nS(\boldsymbol{A}_0)\leqslant\sum_{l=0}^{n-1}S(\boldsymbol{A}_l)$$
$$=\left(\frac{b_0^2}{a_0-a_1}+\frac{b_1^2}{a_1-a_2}+\cdots+\frac{b_{n-1}^2}{a_{n-1}-a_n}\right)(a_0-a_n).$$

得证.

当 $a_0>a_1>\cdots>a_n$ 时,有

$$\frac{1}{a_0-a_1}+\frac{1}{a_1-a_2}+\frac{1}{a_2-a_0}>0.$$

江苏《中学数学》1984 年第 4 期推广并加强到

$$\frac{1}{a_0-a_1}+\frac{1}{a_1-a_2}+\cdots+\frac{1}{a_{n-1}-a_n}+\frac{n}{a_n-a_0}>0,$$

同刊 1985 年第 2 期又加强到

$$\frac{1}{a_0-a_1}+\frac{1}{a_1-a_2}+\cdots+\frac{1}{a_{n-1}-a_n}+\frac{n^2}{a_n-a_0}>0,$$

并进一步加强到

$$\frac{b_0^2}{a_0-a_1}+\frac{b_1^2}{a_1-a_2}+\cdots+\frac{b_{n-1}^2}{a_{n-1}-a_n}+\frac{\left(\sum_{i=0}^{n}b_i\right)^2}{a_n-a_0}\geqslant 0.$$

这里把上述所有情形都加强了.

**例 35** 若 $ABCD$ 的四边为 $a,b,c,d$, $2p=a+b+c+d$,则

$$ab+ac+ad+bc+bd+cd$$
$$\geqslant 6\sqrt{(p-a)(p-b)(p-c)(p-d)}.$$

(湖南《数学通讯》1986 年第 4 期)

**证**　设 $p-a=2x, p-b=2y, p-c=2z, p-d=2u$，则原式可化为

$$xy+xz+xu+yz+yu+zu \geqslant 6\sqrt{xyzu}.$$

令

$$\boldsymbol{M}=\begin{pmatrix} xy & xz & xu & yz & yu & zu \\ xy & xz & xu & yz & yu & zu \\ xy & xz & xu & yz & yu & zu \\ xy & xz & xu & yz & yu & zu \\ xy & xz & xu & yz & yu & zu \\ xy & xz & xu & yz & yu & zu \end{pmatrix},$$

则 $\boldsymbol{M}$ 可同序，调整 $\boldsymbol{M}$，使 $xy, xz, xu, yz, yu, zu$ 在不同列，得 $\boldsymbol{M}'$. 由 $T(\boldsymbol{M}') \geqslant T(\boldsymbol{M})$ 得

$$(xy+xz+xu+yz+yu+zu)^6 \geqslant 6^6(xyzu)^3.$$

得证.

**例 36**　求证：$n! \leqslant \left(\dfrac{n+1}{2}\right)^n$.（湖南《数学通讯》1983 年第 1 期；苏州大学《中学数学》1985 年第 3 期）

**证**　令

$$\boldsymbol{A}=\begin{pmatrix} 1 & 2 & \cdots & n \\ 1 & 2 & \cdots & n \\ \vdots & \vdots & & \vdots \\ 1 & 2 & \cdots & n \end{pmatrix},$$

$$A' = \begin{pmatrix} 1 & 2 & 3 & \cdots & n \\ 2 & 3 & 4 & \cdots & 1 \\ \vdots & \vdots & \vdots & & \vdots \\ n & 1 & 2 & \cdots & n-1 \end{pmatrix}.$$

由 $T(\boldsymbol{A}) \leqslant T(\boldsymbol{A}')$得证.

**例 37**　求证：

(1) $1 + x^2 + \cdots + x^{2n} \geqslant (n+1)x^n$；

(2) 若 $x > 0$，则 $1 + x + x^2 + \cdots + x^{2n} \geqslant (2n+1)x^n$.（苏州大学《中学数学》1985 年第 4 期）

**证**　令

$$\boldsymbol{A} = \begin{pmatrix} 1 & x & x^2 & \cdots & x^n \\ 1 & x & x^2 & \cdots & x^n \end{pmatrix},$$

$$\boldsymbol{B} = \begin{pmatrix} 1 & x & \cdots & x^n \\ x^n & x^{n-1} & \cdots & 1 \end{pmatrix},$$

$$\boldsymbol{C} = \begin{pmatrix} 1 & x & x^2 & \cdots & x^n \\ x^n & 1 & x & \cdots & x^{n-1} \end{pmatrix}.$$

其中 $\boldsymbol{A}$ 可同序；当 $x > 0$ 时，$\boldsymbol{B}$ 可全反序；$\boldsymbol{C}$ 是乱序的.

由 $S(\boldsymbol{A}) \geqslant S(\boldsymbol{B})$得证(1).

由 $S(\boldsymbol{A}) + S(\boldsymbol{C}) \geqslant 2S(\boldsymbol{B})$得证(2).

**例 38**　设 $x_n = \left(1 + \dfrac{1}{n}\right)^n$，$y_n = \left(1 + \dfrac{1}{n}\right)^{n+1}$，则：

(1) $x_n \leqslant x_{n+1}$；

(2) $y_n > y_{n+1}$.（苏州大学《中学数学》1985 年第 1 期）

**证**　令

$$\boldsymbol{A}=\begin{pmatrix}1+\frac{1}{n} & 1+\frac{1}{n} & \cdots & 1+\frac{1}{n} & 1\\ 1+\frac{1}{n} & 1+\frac{1}{n} & \cdots & 1+\frac{1}{n} & 1\\ \vdots & \vdots & & \vdots & \vdots\\ 1+\frac{1}{n} & 1+\frac{1}{n} & \cdots & 1+\frac{1}{n} & 1\end{pmatrix}_{(n+1)\times(n+1)},$$

则 $\boldsymbol{A}$ 可同序.调整 $\boldsymbol{A}$,使每列恰有一个1,得 $\boldsymbol{B}$.由

$$(n+1)^{n+1}x_n=T(\boldsymbol{A})\leqslant T(\boldsymbol{B})=(n+1)^{n+1}x_{n+1},$$

得证(1).

$$\boldsymbol{M}=\begin{pmatrix}1+\frac{1}{n(n+2)} & 1 & \cdots & 1\\ 1+\frac{1}{n(n+2)} & 1 & \cdots & 1\\ \vdots & \vdots & & \vdots\\ 1+\frac{1}{n(n+2)} & 1 & \cdots & 1\end{pmatrix}_{(n+1)\times(n+1)},$$

则 $\boldsymbol{M}$ 可同序.调整 $\boldsymbol{M}$,使每列恰有 $n$ 个1,得 $\boldsymbol{M}'$.

$$S(\boldsymbol{M})=\left[\frac{(n+1)^2}{n(n+2)}\right]^{n+1}+n,$$

$$\begin{aligned}S(\boldsymbol{M}')&=\left[1+\frac{1}{n(n+2)}\right](n+1)\\&=(n+1)+\frac{n+1}{n(n+2)}>n+1+\frac{1}{n+1}\\&=n+\frac{n+2}{n+1}.\end{aligned}$$

由 $S(\boldsymbol{M})\geqslant S(\boldsymbol{M}')$得

$$\left[\frac{(n+1)^2}{n(n+2)}\right]^{n+1}>\frac{n+2}{n+1},$$

所以

$$\left(\frac{n+1}{n}\right)^{n+1}>\left(\frac{n+2}{n+1}\right)^{n+2},$$

即$\left(1+\dfrac{1}{n}\right)^{n+1}>\left(1+\dfrac{1}{n+1}\right)^{n+2}$,得证(2).

注意,若证得:当 $x>0$ 时,$f(x)=\left(1+\dfrac{1}{x}\right)^{x}$ 增,$y(x)=\left(1+\dfrac{1}{x}\right)^{x+1}$减,可立得本题,但不如这里来得直接.若利用凑项法,直接用柯西不等式证(1):

$$1+\frac{1}{n+1}=\frac{\left(1+\frac{1}{n}\right)+\left(1+\frac{1}{n}\right)+\cdots+\left(1+\frac{1}{n}\right)+1}{n+1}$$

$$\geqslant\left[\left(1+\frac{1}{n}\right)^{n}\cdot 1\right]^{1/(n+1)},$$

两边 $n+1$ 次方得证(1).巧是巧,但不如这里来得一般化.

**例 39** 若 $x>0,p,q,r$ 都是正整数,则

$$px^{q-r}+qx^{r-p}+rx^{p-q}\geqslant p+q+r.$$

(《代数学辞典》2445 页)

**证** $(p+q+r)\times(p+q+r)$矩阵

$$\boldsymbol{A}=\begin{pmatrix} x^{q-r} & \cdots & x^{q-r} & x^{r-p} & \cdots & x^{r-p} & x^{p-q} & \cdots & x^{p-q}\\ x^{q-r} & \cdots & x^{q-r} & x^{r-p} & \cdots & x^{r-p} & x^{p-q} & \cdots & x^{p-q}\\ \vdots & & \vdots & \vdots & & \vdots & \vdots & & \vdots\\ \underbrace{x^{q-r} \quad \cdots \quad x^{q-r}}_{p列} & & & \underbrace{x^{r-p} \quad \cdots \quad x^{r-p}}_{q列} & & & \underbrace{x^{p-q} \quad \cdots \quad x^{p-q}}_{r列} & & \end{pmatrix}$$

可同序.调整 $\boldsymbol{A}$,使每列恰有 $p$ 个 $x^{q-r}$、$q$ 个 $x^{r-p}$、$r$ 个 $x^{p-q}$,得 $\boldsymbol{B}$.

$$\begin{aligned}T(\boldsymbol{A})&=(p+q+r)^{p+q+r}x^{(q-r)p}x^{(r-p)q}x^{(p-q)r}\\&=(p+q+r)^{p+q+r},\end{aligned}$$

$$T(\boldsymbol{B})=(px^{q-r}+qx^{r-p}+rx^{p-q})^{p+q+r}.$$

由 $T(\boldsymbol{B})\geqslant T(\boldsymbol{A})$得证.

**例 40** 若$\dfrac{1}{2}<a<x_1,x_2,\cdots,x_n<2a$,且

$$x_1+x_2+\cdots+x_n=(n+1)a,$$

则 $x_1x_2\cdots x_n>a^{n-1}$.(《中学生数学》1991 年第 6 期 18 页)

**证** 令 $x_i-a=y_i(i=1,2,\cdots,n)$.原命题化为:$0<y_1,y_2,\cdots,y_n<a$,且 $y_1+y_2+\cdots+y_n=a$,则

$$(a+y_1)(a+y_2)\cdots(a+y_n)>a^{n-1}.$$

再令$\dfrac{y_i}{a}=z_i(i=1,2,\cdots,n)$.原命题化为:$0<z_1,z_2,\cdots,z_n<1$,且 $z_1+z_2+\cdots+z_n=1$,则

$$(1+z_1)(1+z_2)\cdots(1+z_n)>\frac{1}{a}.$$

令

$$\boldsymbol{A}=\begin{pmatrix}1+z_1&1&\cdots&1\\1+z_2&1&\cdots&1\\\vdots&\vdots&&\vdots\\1+z_n&1&\cdots&1\end{pmatrix}_{n\times n},$$

$$B=\begin{pmatrix}1+z_1 & 1 & \cdots & 1\\ 1 & 1+z_2 & \cdots & 1\\ \vdots & \vdots & & \vdots\\ 1 & 1 & \cdots & 1+z_n\end{pmatrix}.$$

由 $S(\boldsymbol{A})\geqslant S(\boldsymbol{B})$得

$$\begin{aligned}&(1+z_1)(1+z_2)\cdots(1+z_n)+n-1\\ &\quad\geqslant n+z_1+z_2+\cdots+z_n\\ &\quad=n+1,\end{aligned}$$

即

$$(1+z_1)(1+z_2)\cdots(1+z_n)\geqslant 2>\frac{1}{a}.$$

原文只限 $a>0$,是不对的.事实上,当 $n=3,a=\frac{1}{8}$,原题变为:$\frac{1}{8}<x_1,x_2,x_3<\frac{1}{4}$,且 $x_1+x_2+x_3=\frac{1}{2}$,则 $x_1x_2x_3>\frac{1}{64}$. 事实上,这时有 $x_1x_2x_3<\frac{1}{64}$.

### 2.3　处理一些著名不等式

**例 1**(切比雪夫不等式)　若

$$\boldsymbol{A}=\begin{pmatrix}a_0 & a_1 & \cdots & a_n\\ b_n & b_{n-1} & \cdots & b_0\end{pmatrix}$$

$(a_0\leqslant a_1\leqslant\cdots\leqslant a_n,b_n\geqslant b_{n-1}\geqslant\cdots\geqslant b_0)$,则

$$\sum_{k=0}^{n}a_kb_{n-k}\leqslant\frac{1}{n+1}\left(\sum_{k=0}^{n}a_k\right)\left(\sum_{k=0}^{n}b_k\right)\leqslant\sum_{k=0}^{n}a_kb_k.$$

**证**　令 $\boldsymbol{A}_l=\begin{pmatrix} a_0 & a_1 & \cdots & a_n \\ b_{0+l} & b_{1+l} & \cdots & b_{n+l} \end{pmatrix}$（$a_0\leqslant a_1\leqslant\cdots\leqslant a_n$，$l=0,1,\cdots,n,n+1$），则 $S(\boldsymbol{A})\leqslant S(\boldsymbol{A}_l)\leqslant S(\boldsymbol{A}_0)$（$l=0,1,\cdots,n$）. 因此

$$(n+1)S(\boldsymbol{A})\leqslant\sum_{l=0}^{n}S(\boldsymbol{A}_l)\leqslant(n+1)S(A_0).$$

得证.

**例 2**（伯努利不等式）　若 $x_1,x_2,\cdots,x_n\geqslant 0$ 或 $-1\leqslant x_1,x_1,\cdots,x_n<0$，则

$$(1+x_1)(1+x_2)\cdots(1+x_n)\geqslant 1+x_1+x_2+\cdots+x_n.$$

**证**　$1+x_i\geqslant 1$，或 $0\leqslant 1+x_i<1$（$i=1,2,\cdots,n$）. 令

$$\boldsymbol{A}=\begin{pmatrix} 1+x_1 & 1 & \cdots & 1 \\ 1+x_2 & 1 & \cdots & 1 \\ \vdots & \vdots & & \vdots \\ 1+x_n & 1 & \cdots & 1 \end{pmatrix}_{n\times n},$$

$$\boldsymbol{B}=\begin{pmatrix} 1+x_1 & 1 & \cdots & 1 \\ 1 & 1+x_2 & \cdots & 1 \\ \vdots & \vdots & & \vdots \\ 1 & 1 & \cdots & 1+x_n \end{pmatrix}_{n\times n},$$

其中 $\boldsymbol{A}$ 可同序，$\boldsymbol{B}$ 是乱序的，则由 $S(\boldsymbol{A})\geqslant S(\boldsymbol{B})$ 得证.

特别有 $(1+x)^n\geqslant 1+nx$，其中 $x\geqslant -1$，$n$ 是自然数. 由 $\boldsymbol{B}$ 向 $\boldsymbol{A}$ 改造的过程可以看出，当且仅当一切 $1+x_i=1$，即 $x_i=0$ 时，“$=$”真.

**注意**　$T(\boldsymbol{A})\leqslant T(\boldsymbol{B})$，即

$$(x_1+n)(x_2+n)\cdots(x_n+n)\geqslant n^{n-1}(x_1+x_2+\cdots+x_n+n).$$

特别有$\left(1+\dfrac{x}{n}\right)^n\geqslant 1+x$，其中 $x\geqslant -1$，$n$ 是自然数，令 $n\to\infty$，取极限，可得

$$e^x\geqslant 1+x\quad(x\geqslant -1).$$

**例 3**（柯西不等式）　若 $a_1,a_2,\cdots,a_n>0$，

$$A_n=\frac{1}{n}\sum_{k=1}^{n}a_k,\quad G_n=\left(\prod_{k=1}^{n}a_k\right)^{1/n},$$

则 $A_n\geqslant G_n$.

**证**　令

$$\boldsymbol{M}=\begin{pmatrix} a_1 & a_2 & \cdots & a_n \\ a_1 & a_2 & \cdots & a_n \\ \vdots & \vdots & & \vdots \\ a_1 & a_2 & \cdots & a_n \end{pmatrix},$$

则 $\boldsymbol{M}$ 可同序.调整 $\boldsymbol{M}$，使每列恰有 $a_1,a_2,\cdots,a_n$，得 $\boldsymbol{M}'$.由 $T(\boldsymbol{M})\leqslant T(\boldsymbol{M}')$得

$$n^n a_1a_2\cdots a_n\leqslant(a_1+a_2+\cdots+a_n)^n,$$

因此 $G_n^n\leqslant A_n^n$，开方即得证.

注意，利用 $m$ 个柯西不等式

$$\left(\frac{a_{i1}}{\sum_{i=1}^{m}a_{i1}}\cdot\frac{a_{i2}}{\sum_{i=1}^{m}a_{i2}}\cdots\frac{a_{in}}{\sum_{i=1}^{m}a_{in}}\right)^{1/n}$$

$$\leqslant\frac{1}{n}\left(\frac{a_{i1}}{\sum_{i=1}^{m}a_{i1}}+\frac{a_{i2}}{\sum_{i=1}^{m}a_{i2}}+\cdots+\frac{a_{in}}{\sum_{i=1}^{m}a_{in}}\right),$$

求和，两边除以 $m$，得

$$\frac{1}{m}\sum_{i=1}^{m}\left(\prod_{j=1}^{n}a_{ij}\right)^{1/n}\leqslant\left[\prod_{j=1}^{n}\left(\frac{1}{m}\sum_{i=1}^{m}a_{ij}\right)\right]^{1/n}.$$

此即：(1) 正数矩阵

$$\boldsymbol{A}=\begin{pmatrix}a_{11} & a_{12} & \cdots & a_{1n}\\ a_{21} & a_{22} & \cdots & a_{2n}\\ \vdots & \vdots & & \vdots\\ a_{m1} & a_{m2} & \cdots & a_{mn}\end{pmatrix}$$

的列的几何平均(积平均)的算术平均(和平均)不大于其行的算术平均的几何平均.这是一个有趣的具有对称美的结论.

考虑 $\boldsymbol{A}$ 的转置矩阵 $\boldsymbol{A}^{\mathrm{T}}$(以 $\boldsymbol{A}$ 的主对角线为对称轴翻折而成的矩阵)，$\boldsymbol{A}=(a_{ij})$，$\boldsymbol{A}^{\mathrm{T}}=(a_{ji})$，得 $\boldsymbol{A}^{\mathrm{T}}$ 的列的积平均的和平均不大于其行的和平均的积平均.此即：(2) $\boldsymbol{A}$ 的行的积平均的和平均不大于其列的和平均的积平均.

(2)是(1)中行列互换的结果，(1)，(2)合起来是更有趣的具有对称美的结论.

考虑对称矩阵

$$\boldsymbol{A}=\begin{pmatrix}a_{1} & a_{2} & \cdots & a_{n}\\ a_{2} & a_{1} & \cdots & a_{n-1}\\ \vdots & \vdots & & \vdots\\ a_{n} & a_{n-1} & \cdots & a_{1}\end{pmatrix}=\boldsymbol{A}^{\mathrm{T}}.$$

(2)即

$$\frac{\sqrt[n]{a_1a_2\cdots a_n}+\sqrt[n]{a_1a_2\cdots a_n}+\cdots+\sqrt[n]{a_1a_2\cdots a_n}}{n}$$

$$\leqslant \sqrt[n]{\frac{\sum_{i=1}^{n} a_i}{n} \cdot \frac{\sum_{i=1}^{n} a_i}{n} \cdots \frac{\sum_{i=1}^{n} a_i}{n}},$$

也即

$$\sqrt[n]{a_1 a_2 \cdots a_n} \leqslant \frac{a_1 + a_2 + \cdots + a_n}{n}.$$

回到了柯西不等式.

**例 4**　柯西-布尔加科夫-施瓦兹不等式:

$$\left(\sum_{i=1}^{n} a_i b_i\right)^2 \leqslant \left(\sum_{i=1}^{n} a_i^2\right)\left(\sum_{i=1}^{n} b_i^2\right).$$

**证**　令

$$\boldsymbol{A}_1 = \begin{pmatrix} a_1 b_1 & \cdots & a_1 b_n \\ a_1 b_1 & \cdots & a_1 b_n \end{pmatrix},$$

$$\boldsymbol{A}_2 = \begin{pmatrix} a_2 b_1 & \cdots & a_2 b_n \\ a_2 b_1 & \cdots & a_2 b_n \end{pmatrix},$$

$$\cdots,$$

$$\boldsymbol{A}_n = \begin{pmatrix} a_n b_1 & \cdots & a_n b_n \\ a_n b_1 & \cdots & a_n b_n \end{pmatrix},$$

$\boldsymbol{A} = (\boldsymbol{A}_1 \quad \boldsymbol{A}_2 \quad \cdots \quad \boldsymbol{A}_2)$中两行相同,共 $n^2$ 列,$\boldsymbol{A}$ 可同序.

$$S(\boldsymbol{A}) = \left(\sum_{i=1}^{n} a_i^2\right)\left(\sum_{i=1}^{n} b_i^2\right).$$

调整 $\boldsymbol{A}$,使 $a_i b_j$ 与 $a_j b_i$ 位于同一列,得 $\boldsymbol{B}$.

$$S(\boldsymbol{B}) = \sum a_i b_j \cdot a_j b_i$$

$$= \left(\sum_{i=1}^{n} a_i b_i\right)\left(\sum_{j=1}^{n} a_j b_j\right) = \left(\sum_{i=1}^{n} a_i b_i\right)^2.$$

由 $S(\boldsymbol{B})\leqslant S(\boldsymbol{A})$得证.

由柯西-布尔加科夫-施瓦兹不等式可得

$$\left(\sum_{i=1}^{n} x_i^2\right)^{1/2}\left[\sum_{i=1}^{n}(x_i+y_i)^2\right]^{1/2}\geqslant\sum_{i=1}^{n}x_i(x_i+y_i),$$

$$\left(\sum_{i=1}^{n} y_i^2\right)^{1/2}\left[\sum_{i=1}^{n}(x_i+y_i)^2\right]^{1/2}\geqslant\sum_{i=1}^{n}y_i(x_i+y_i).$$

两式相加可得三角形不等式

$$\left(\sum_{i=1}^{n} x_i^2\right)^{1/2}+\left(\sum_{i=1}^{n} y_i^2\right)^{1/2}\geqslant\left[\sum_{i=1}^{n}(x_i+y_i)^2\right]^{1/2}.$$

**例 5**(拉东不等式) 设 $a_i>0(i=1,2,\cdots,n)$,

$$A_k=\frac{1}{k}\sum_{i=1}^{k}a_i,\quad G_k=\prod_{i=1}^{k}a_i^{1/k},$$

则

$$0=A_1-G_1\leqslant 2(A_2-G_2)\leqslant\cdots\leqslant n(A_n-G_n).$$

**证** 令

$$\boldsymbol{A}=\begin{pmatrix}G_k & G_k & \cdots & G_k & a_{k+1}\\ G_k & G_k & \cdots & G_k & a_{k+1}\\ \vdots & \vdots & & \vdots & \vdots\\ G_k & G_k & \cdots & G_k & a_{k+1}\end{pmatrix}_{(k+1)\times(k+1)},$$

则 $\boldsymbol{A}$ 可同序.调整 $\boldsymbol{A}$,使每列恰有一个 $a_{k+1}$,得 $\boldsymbol{A}'$.所以

$$T(\boldsymbol{A})\leqslant T(\boldsymbol{A}'),$$

即

$$[(k+1)G_k]^k\cdot(k+1)a_{k+1}\leqslant(kG_k+a_{k+1})^{k+1}.$$

由此得

$$(k+1)G_{k+1}\leqslant kG_k+a_{k+1}$$

$$= kG_k + (k+1)A_{k+1} - kA_k,$$

$$k(A_k - G_k) \leqslant (k+1)(A_{k+1} - G_{k+1})$$

$(k=1,2,\cdots,n-1)$,得证.

**例 6**(波波维奇不等式) 设 $a_i>0(i=1,2,\cdots,n)$,

$$A_k = \frac{1}{k}\sum_{i=1}^{k} a_i, \quad G_k = \prod_{i=1}^{k} a_i^{1/k},$$

则

$$1 = \frac{G_1}{A_1} \geqslant \left(\frac{G_2}{A_2}\right)^2 \geqslant \cdots \geqslant \left(\frac{G_n}{A_n}\right)^n.$$

**证** 令

$$\boldsymbol{A} = \begin{pmatrix} A_k & A_k & \cdots & A_k & a_{k+1} \\ A_k & A_k & \cdots & A_k & a_{k+1} \\ \vdots & \vdots & & \vdots & \vdots \\ A_k & A_k & \cdots & A_k & a_{k+1} \end{pmatrix}_{(k+1)\times(k+1)},$$

则 $\boldsymbol{A}$ 可同序.调整 $\boldsymbol{A}$,使每列恰有一个 $a_{k+1}$,得 $\boldsymbol{A}'$.因此

$$T(\boldsymbol{A}) \leqslant T(\boldsymbol{A}'),$$

即

$$[(k+1)A_k]^k \cdot (k+1)a_{k+1} \leqslant (kA_k + a_{k+1})^{k+1}.$$

由此得

$$(k+1)^{k+1}A_k^k a_{k+1} \cdot G_k^k \leqslant [(k+1)A_{k+1}]^{k+1} \cdot G_k^k,$$

即

$$A_k^k G_{k+1}^{k+1} \leqslant A_{k+1}^{k+1} G_k^k.$$

整理得

$$\left(\frac{G_k}{A_k}\right)^k \geqslant \left(\frac{G_{k+1}}{A_{k+1}}\right)^{k+1} \quad (k = 1,2,\cdots,n-1).$$

得证.

**例 7**（闵可夫斯基不等式）　若 $a_i>0, b_i>0(i=1,2,\cdots,n)$，则

$$\prod_{i=1}^{n} a_i^{1/n}+\prod_{i=1}^{n} b_i^{1/n}\leqslant \prod_{i=1}^{n}(a_i+b_i)^{1/n}.$$

**证**　令

$$\frac{x_i}{a_i+b_i}=c_i>0,\quad \frac{y_i}{a_i+b_i}=d_i>0\quad (i=1,2,\cdots,n),$$

则

$$\boldsymbol{A}=\begin{pmatrix} c_1 & c_2 & \cdots & c_n \\ c_1 & c_2 & \cdots & c_n \\ \vdots & \vdots & & \vdots \\ c_1 & c_2 & \cdots & c_n \end{pmatrix}_{n\times n}$$

可同序. 调整 $\boldsymbol{A}$，使 $c_1,c_2,\cdots,c_n$ 进入每一列，得 $\boldsymbol{A}'$. 因此

$$T(\boldsymbol{A})\leqslant T(\boldsymbol{A}'),$$

即

$$n^n c_1c_2\cdots c_n\leqslant (c_1+c_2+\cdots+c_n)^n,$$

由此得

$$n(c_1c_2\cdots c_n)^{1/n}\leqslant c_1+c_2+\cdots+c_n.$$

同理，可知 $n(d_1d_2\cdots d_n)^{1/n}\leqslant d_1+d_2+\cdots+d_n$. 所以

$$\prod_{i=1}^{n}\left(\frac{x_i}{a_i+b_i}\right)^{1/n}+\prod_{i=1}^{n}\left(\frac{y_i}{a_i+b_i}\right)^{1/n}\leqslant \frac{1}{n}\sum_{i=1}^{n}\frac{x_i+y_i}{a_i+b_i},$$

$$\prod_{i=1}^{n} x_i^{1/n}+\prod_{i=1}^{n} y_i^{1/n}\leqslant \frac{1}{n}\prod_{i=1}^{n}(a_i+b_i)^{1/n}\sum_{l=1}^{n}\frac{x_i+y_i}{a_i+b_i}.$$

令 $x_i+y_i=a_i+b_i$，有

$$\prod_{i=1}^{n} x_i^{1/n} + \prod_{i=1}^{n} y_i^{1/n} \leqslant \prod_{i=1}^{n} (x_i + y_i)^{1/n}.$$

得证.

**例 8** 闵可夫斯基不等式的推广：

若 $a_{ij}>0(i=1,2,\cdots,m;j=1,2,\cdots,n)$，则

$$\prod_{j=1}^{n} \left(\sum_{i=1}^{m} a_{ij}\right)^{1/n} \geqslant \sum_{i=1}^{m} \prod_{j=1}^{n} a_{ij}^{1/n}.$$

**证** 设 $A_j = \sum_{i=1}^{m} a_{ij}$，

$$\boldsymbol{M}_i = \begin{pmatrix} \frac{a_{i1}}{A_1} & \frac{a_{i2}}{A_2} & \cdots & \frac{a_{in}}{A_n} \\ \frac{a_{i1}}{A_1} & \frac{a_{i2}}{A_2} & \cdots & \frac{a_{in}}{A_n} \\ \vdots & \vdots & & \vdots \\ \frac{a_{i1}}{A_1} & \frac{a_{i2}}{A_2} & \cdots & \frac{a_{in}}{A_n} \end{pmatrix}_{n\times n}$$

可同序. 调整 $\boldsymbol{M}_i$，使 $A_1, A_2, \cdots, A_n$ 进入每一列，得 $\boldsymbol{M}_i'$. 由 $T(\boldsymbol{M}_i)\leqslant T(\boldsymbol{M}_i')$得

$$\prod_{j=1}^{n} n\frac{a_{ij}}{A_j} \leqslant \left(\sum_{j=1}^{n} \frac{a_{ij}}{A_j}\right)^n.$$

所以

$$n\prod_{j=1}^{n} \left(\frac{a_{ij}}{A_j}\right)^{1/n} \leqslant \sum_{j=1}^{n} \frac{a_{ij}}{A_j} \quad (i=1,2,\cdots,m),$$

$$\sum_{i=1}^{m} n\prod_{j=1}^{n} \left(\frac{a_{ij}}{A_j}\right)^{1/n} \leqslant \sum_{i=1}^{m} \sum_{j=1}^{n} \frac{a_{ij}}{A_j} = n,$$

$$\sum_{i=1}^{m} \prod_{j=1}^{n} a_{ij}^{1/n} \leqslant \prod_{j=1}^{n} A_j^{1/n} = \prod_{j=1}^{n} \left(\sum_{i=1}^{m} a_{ij}\right)^{1/n}.$$

得证.

注意到 $F(x)=(a_1^x+a_2^x+\cdots+a_n^x)^{1/x}$在$(0,+\infty)$上减,

$$\frac{F(y)}{F(x)}=\left[\sum_{i=1}^{n}\left(\frac{a_i^x}{a_1^x+a_2^x+\cdots+a_n^x}\right)^{y/x}\right]^{1/y}$$

$$\leqslant\left(\sum_{i=1}^{n}\frac{a_i^x}{a_1^x+a_2^x+\cdots+a_n^x}\right)^{1/y}=1\quad(y>x>0),$$

对任意 $n\alpha_j\geqslant1, b_{ij}\geqslant0(i=1,2,\cdots,m;j=1,2,\cdots,n)$,有

$$\sum_{i=1}^{m}\prod_{j=1}^{n}b_{ij}^{\alpha_j}\leqslant\prod_{j=1}^{n}\left(\sum_{i=1}^{m}b_{ij}\right)^{\alpha_j}.$$

事实上,令 $b_{ij}^{n\alpha_j}\leqslant a_{ij}$,有

$$\sum_{i=1}^{m}\prod_{j=1}^{n}b_{ij}^{\alpha_j}=\sum_{i=1}^{m}\prod_{j=1}^{n}a_{ij}^{1/n}\leqslant\prod_{j=1}^{n}\left(\sum_{i=1}^{m}a_{ij}\right)^{1/n}$$

$$=\prod_{j=1}^{n}\left(\sum_{i=1}^{m}b_{ij}^{n\alpha_j}\right)^{1/(n\alpha_j)\cdot\alpha_j}$$

$$\leqslant\prod_{j=1}^{n}\left(\sum_{i=1}^{m}b_{ij}\right)^{\alpha_j}\quad(n\alpha_j\geqslant1)$$

值得注意的是,闵可夫斯基不等式的推广,又可看作柯西-布尔加科夫-施瓦兹不等式的推广:

设 $a_{ij}>0(i=1,2,\cdots,m;j=1,2,\cdots,n)$,则

$$\left(\sum_{j=1}^{n}a_{1j}a_{2j}\cdots a_{mj}\right)^m\leqslant\left(\sum_{j=1}^{n}a_{1j}^m\right)\left(\sum_{j=1}^{n}a_{2j}^m\right)\cdots\left(\sum_{j=1}^{n}a_{mj}^m\right),$$

或令

$$\boldsymbol{A}=\begin{pmatrix}a_{11}&a_{12}&\cdots&a_{1n}\\a_{21}&a_{22}&\cdots&a_{2n}\\\vdots&\vdots&&\vdots\\a_{m1}&a_{m2}&\cdots&a_{mn}\end{pmatrix},$$

$$B = \begin{pmatrix} a_{11}^m & a_{21}^m & \cdots & a_{m1}^m \\ a_{12}^m & a_{22}^m & \cdots & a_{m2}^m \\ \vdots & \vdots & & \vdots \\ a_{1n}^m & a_{2n}^m & \cdots & a_{mn}^m \end{pmatrix},$$

则上式可简写成 $S^m(\boldsymbol{A}) \leqslant T(\boldsymbol{B})$,或简写成

$$S^m(a_{ij}) \leqslant T(a_{ij}^m).$$

原不等式即

$$S^n(a_{ij}^{1/n}) \leqslant T(a_{ij}).$$

**例 9**(幂平均不等式) 若 $x_i > 0$, $p_i$ 是自然数($i = 1, 2, \cdots, n$),则

$$\left(\frac{p_1 x_1 + p_2 x_2 + \cdots + p_n x_n}{p_1 + p_2 + \cdots + p_n}\right)^{p_1 + p_2 + \cdots + p_n} \geqslant x_1^{p_1} x_2^{p_2} \cdots x_n^{p_n}.$$

**证** 考虑 $\sum_{i=1}^{n} p_i \times \sum_{i=1}^{n} p_i$ 可同序矩阵

$$A = \begin{pmatrix} x_1 & \cdots & x_1 & x_2 & \cdots & x_2 & \cdots & x_n & \cdots & x_n \\ x_1 & \cdots & x_1 & x_2 & \cdots & x_2 & \cdots & x_n & \cdots & x_n \\ \vdots & & \vdots & \vdots & & \vdots & & \vdots & & \vdots \\ \underbrace{x_1 \quad \cdots \quad x_1}_{p_1\text{列}} & & & \underbrace{x_2 \quad \cdots \quad x_2}_{p_2\text{列}} & & & \cdots & \underbrace{x_n \quad \cdots \quad x_n}_{p_n\text{列}} & & \end{pmatrix}.$$

调整 $\boldsymbol{A}$,使每列恰有 $p_1$ 个 $x_1$、$p_2$ 个 $x_2$……$p_n$ 个 $x_n$,得 $\boldsymbol{A}'$,有 $T(\boldsymbol{A}) \leqslant T(\boldsymbol{A}')$,即

$$(p_1 + p_2 + \cdots + p_n)^{p_1 + p_2 + \cdots + p_n} x_1^{p_1} x_2^{p_2} \cdots x_n^{p_n}$$
$$\leqslant (p_1 x_1 + p_2 x_2 + \cdots + p_n x_n)^{p_1 + p_2 + \cdots + p_n}.$$

得证.

一般地,有:

若 $x_i>0, q_i>0(i=1,2,\cdots,n), q_1+q_2+\cdots+q_n=1$,则

$$q_1x_1+q_2x_2+\cdots+q_nx_n\geqslant x_1^{q_1}x_2^{q_2}\cdots x_n^{q_n}.$$

先看 $q_i$ 是有理数的情形,此时,有整数 $q$,使 $q_i=\dfrac{p_i}{q}$,$p_i$ 是整数,$p_1+p_2+\cdots+p_n=q$,令 $x_i=qy_i$,有

$$\begin{aligned}
&q_1x_1+q_2x_2+\cdots+q_nx_n\\
&\quad= p_1y_1+p_2y_2+\cdots+p_ny_n\\
&\quad\geqslant q(y_1^{p_1}y_2^{p_2}\cdots y_n^{p_n})^{1/q}\\
&\quad= (qy_1)^{p_1/q}(qy_2)^{p_2/q}\cdots(qy_n)^{p_n/q}\\
&\quad= x_1^{q_1}x_2^{q_2}\cdots x_n^{q_n}.
\end{aligned}$$

再看 $q_i$ 是无理数的情形,此时,有有理数列 $q_{i1},q_{i2},\cdots,q_{im},\cdots,\lim\limits_{m\to\infty}q_{im}=q_i$.因为

$$q_{1m}x_1+q_{2m}x_2+\cdots+q_{nm}x_n\geqslant x_1^{q_{1m}}x_2^{q_{2m}}\cdots x_n^{q_{nm}},$$

所以

$$\lim_{m\to\infty}(q_{1m}x_1+q_{2m}x_2+\cdots+q_{nm}x_n)\geqslant\lim_{m\to\infty}x_1^{q_{1m}}x_2^{q_{2m}}\cdots x_n^{q_{nm}},$$

从而有

$$q_1x_1+q_2x_2+\cdots+q_nx_n\geqslant x_1^{q_1}x_2^{q_2}\cdots x_n^{q_n}.$$

注意,这种整数有理化、有理数实化,并利用极限的保向性的思想方法很重要!

对 $a_{ij}>0, x_i>0(i=1,2,\cdots,m;j=1,2,\cdots,n)$,

$$\begin{aligned}
&q_{i1}+q_{i2}+\cdots+q_{in}=1,\\
&y_i=q_{i1}x_1+q_{i2}x_2+\cdots+q_{in}x_n,\\
&q_j=q_{1j}+q_{2j}+\cdots+q_{mj},
\end{aligned}$$

有 $y_1 y_2 \cdots y_m \geqslant x_1^{q_1} x_2^{q_2} \cdots x_n^{q_n}$.

当诸 $q_j = 1$(可证 $m = n$)时,就是德国代数学家舒尔在1923年提出的不等式.

注意,利用正数不等式作乘法构造不等式,也是一种常用方法.

**例 10**(微微不等式)　若 $0 < x \leqslant y \leqslant z$,$\alpha,\beta,\gamma$ 不异号,则

$$x^{\alpha+\beta+\gamma} + y^{\alpha+\beta+\gamma} + z^{\alpha+\beta+\gamma} \geqslant x^{\alpha}y^{\beta}z^{\gamma} + x^{\gamma}y^{\alpha}z^{\beta} + x^{\beta}y^{\gamma}z^{\alpha}.$$

**证**　令

$$\boldsymbol{A} = \begin{pmatrix} x^{\alpha} & y^{\alpha} & z^{\alpha} \\ x^{\beta} & y^{\beta} & z^{\beta} \\ x^{\gamma} & y^{\gamma} & z^{\gamma} \end{pmatrix}, \quad \boldsymbol{B} = \begin{pmatrix} x^{\alpha} & y^{\alpha} & z^{\alpha} \\ y^{\beta} & z^{\beta} & x^{\beta} \\ z^{\gamma} & x^{\gamma} & y^{\gamma} \end{pmatrix},$$

则 $\boldsymbol{A}$ 是同序的,$\boldsymbol{B}$ 是 $\boldsymbol{A}$ 的乱序矩阵.

由 $S(\boldsymbol{A}) \geqslant S(\boldsymbol{B})$ 得证.

由 $T(\boldsymbol{A}) \leqslant T(\boldsymbol{B})$ 可得

$$(x^{\alpha} + x^{\beta} + x^{\gamma})(y^{\alpha} + y^{\beta} + y^{\gamma})(z^{\alpha} + z^{\beta} + z^{\gamma})$$
$$\leqslant (x^{\alpha} + y^{\beta} + z^{\gamma})(x^{\gamma} + y^{\alpha} + z^{\beta})(x^{\beta} + y^{\gamma} + z^{\alpha}).$$

类似地,可得更一般的情形:

若 $0 < x_1 \leqslant x_2 \leqslant \cdots \leqslant x_n$,$\alpha_1,\alpha_2,\cdots,\alpha_n$ 不异号,则

$$\sum_{i=1}^{n} x_i^{\alpha_1+\alpha_2+\cdots+\alpha_n} \geqslant \sum_{i=1}^{n} x_1^{\alpha_{i_1}} x_2^{\alpha_{i_2}} \cdots x_n^{\alpha_{i_n}},$$

其中 $i_1 i_2 \cdots i_n$ 是 $1,2,\cdots,n$ 的任一排列,微微不等式显然是柯西不等式的推广.

**例 11**　裴蜀不等式:

$$n(a-b)b^{n-1} \leqslant a^n - b^n \leqslant n(a-b)a^{n-1},$$

其中 $n$ 为自然数，$a \geqslant b > 0$.

**证**　即证

$$a^n + nb^n \geqslant nab^{n-1} + b^n, \quad b^n + na^n \geqslant nba^{n-1} + a^n.$$

两式统一成

$$x^n + ny^n \geqslant nxy^{n-1} + y^n \quad (x, y > 0).$$

构造

$$\boldsymbol{A} = \begin{pmatrix} x & y & \cdots & y \\ x & y & \cdots & y \\ \vdots & \vdots & & \vdots \\ x & y & \cdots & y \end{pmatrix}_{n\times(n+1)} \quad (可同序).$$

调整 $\boldsymbol{A}$，得

$$\boldsymbol{A}' = \begin{pmatrix} x & y & \cdots & y & y \\ y & x & \cdots & y & y \\ \vdots & \vdots & & \vdots & \vdots \\ y & y & \cdots & x & y \end{pmatrix}.$$

由 $S(\boldsymbol{A}) \geqslant S(\boldsymbol{A}')$ 得证.

**例 12**（波利亚不等式）　若 $0 < a_1 \leqslant a_i \leqslant a_n$，$0 < b_1 \leqslant b_i \leqslant b_n$ $(i = 1, 2, \cdots, n)$，则

$$C = \frac{\left(\sum_{i=1}^n a_i^2\right)\left(\sum_{i=1}^n b_i^2\right)}{\left(\sum_{i=1}^n a_i b_i\right)^2} \leqslant \frac{1}{4}\left(\sqrt{\frac{a_1 b_1}{a_n b_n}} - \sqrt{\frac{a_n b_n}{a_1 b_1}}\right)^2 + 1.$$

**证**　令

$$\boldsymbol{A}=\begin{pmatrix} a_1 & a_i \\ a_n & a_i \\ b_i & b_1 \\ b_i & b_n \end{pmatrix},\quad \boldsymbol{B}=\begin{pmatrix} a_1 & a_i \\ a_i & a_n \\ b_1 & b_i \\ b_i & b_n \end{pmatrix}.$$

由 $S(\boldsymbol{A})\leqslant S(\boldsymbol{B})$得

$$b_1b_na_i^2+a_1a_nb_i^2\leqslant(a_1b_1+a_nb_n)a_ib_i,$$

$$b_1b_n\sum_{i=1}^n a_i^2+a_1a_n\sum_{i=1}^n b_i^2\leqslant(a_1b_1+a_nb_n)\sum_{i=1}^n a_ib_i,$$

两边平方,并利用 $T\begin{pmatrix} x & y \\ x & y \end{pmatrix}\leqslant T\begin{pmatrix} x & y \\ y & x \end{pmatrix}$,有

$$\begin{aligned}&4a_1b_1a_nb_n\left(\sum_{i=1}^n a_i^2\right)\left(\sum_{i=1}^n b_i^2\right)\\ &\leqslant\left(b_1b_n\sum_{i=1}^n a_i^2+a_1a_n\sum_{i=1}^n b_i^2\right)^2\\ &\leqslant(a_1b_1+a_nb_n)^2\left(\sum_{i=1}^n a_ib_i\right)^2.\end{aligned}$$

因此

$$C\leqslant\frac{(a_1b_1+a_nb_n)^2}{4a_1b_1a_nb_n}=\frac{1}{4}\left(\sqrt{\frac{a_1b_1}{a_nb_n}}-\sqrt{\frac{a_nb_n}{a_1b_1}}\right)^2+1.$$

本节例 4 和例 12 可合并为

$$0\leqslant C-1\leqslant\frac{1}{4}\left(\sqrt{\frac{a_1b_1}{a_nb_n}}-\sqrt{\frac{a_nb_n}{a_1b_1}}\right)^2.$$

**例 13**(沙皮罗不等式) 若 $0\leqslant a_1,a_2,\cdots,a_n\leqslant 1$,$a_1+a_2+\cdots+a_n=a$,则

$$\frac{a_1}{1-a_1}+\frac{a_2}{1-a_2}+\cdots+\frac{a_n}{1-a_n}\geqslant\frac{na}{n-a}.$$

**证** 令

$$A_l=\begin{pmatrix}1-a_{1+l} & 1-a_{2+l} & \cdots & 1-a_{n+l}\\ \dfrac{a_1}{1-a_1} & \dfrac{a_2}{1-a_2} & \cdots & \dfrac{a_n}{1-a_n}\end{pmatrix}$$

$(l=0,1,\cdots,n-1,n)$. $A_0$ 可全反序. 由 $S(A_0)\leqslant S(A_l)$得

$$na=nS(A_0)\leqslant\sum_{l=0}^{n-1}S(A_l)=(n-a)\sum_{i=1}^{n}\frac{a_i}{1-a_i}.$$

所以

$$\sum_{i=1}^{n}\frac{a_i}{1-a_i}\geqslant\frac{na}{n-a}.$$

得证.

**例 14**(舒尔不等式) 若 $x,y,z\geqslant 0$, $\lambda$ 是实数,则

$$x^\lambda(x-y)(x-z)+y^\lambda(y-z)(y-x)+z^\lambda(z-x)(z-y)\geqslant 0.$$

**证** 可令 $x=\max\{x,y,z\}$,则

$$x^\lambda(x-y)(x-z)\geqslant 0. \tag{1}$$

令

$$A=\begin{pmatrix}y^\lambda(y-x) & z^\lambda(z-x)\\ y & z\end{pmatrix},$$

$$B=\begin{pmatrix}y^\lambda(y-x) & z^\lambda(z-x)\\ z & y\end{pmatrix}.$$

由 $S(A)\geqslant S(B)$得

$$y^{\lambda+1}(y-x)+z^{\lambda+1}(z-x)\geqslant y^\lambda z(y-x)+z^\lambda y(z-x),$$

$$y^\lambda(y-z)(y-x)+z^\lambda(z-x)(z-y)\geqslant 0. \tag{2}$$

式(1)和式(2)相加即得证.

**例 15**(施勒米西不等式) 加权幂平均函数是指

$$F(x)=\begin{cases}\left(\dfrac{q_1a_1^x+q_2a_2^x+\cdots+q_na_n^x}{q_1+q_2+\cdots+q_n}\right)^{1/x} & (x=0),\\ (a_1^{q_1}a_2^{q_2}\cdots a_n^{q_n})^{1/(q_1+q_2+\cdots+q_n)} & (x\neq 0),\end{cases}$$

其中 $a_i>0,q_i>0(i=1,2,\cdots,n)$.

施勒米西不等式就是指 $F(x)$在$(-\infty,+\infty)$的不减性,下证这个结论.

**命题** $F(x)$在$(-\infty,+\infty)$上不减.

**证** (1) $F(x)$在 $x=0$ 处连续.

事实上,

$$\begin{aligned}\lim_{x\to 0}F(x)&=\exp\left(\lim_{x\to 0}\frac{\ln\sum q_ia_i^x-\ln\sum q_i}{x}\right)\\ &=\exp\left(\lim_{x\to 0}\frac{\sum q_ia_i^x\ln a_i}{\sum q_ia_i^x}\right)=\exp\left(\frac{\sum q_i\ln a_i}{\sum q_i}\right)\\ &=F(0).\end{aligned}$$

(2) 当 $0<\alpha<\beta$ 时,兹证 $F(\alpha)\leqslant F(\beta)$.

先设 $\alpha,\beta$ 为有理数,其公分母为 $M$. 考虑 $M\beta\times M\beta$ 矩阵

$$\boldsymbol{p}_i=\left(\begin{matrix}a_i^\beta & \cdots & a_i^\beta & F^\beta(\beta) & \cdots & F^\beta(\beta)\\ a_i^\beta & \cdots & a_i^\beta & F^\beta(\beta) & \cdots & F^\beta(\beta)\\ \vdots & & \vdots & \vdots & & \vdots\\ \underbrace{a_i^\beta \quad \cdots \quad a_i^\beta}_{M\alpha\text{列}} & & & \underbrace{F^\beta(\beta) \quad \cdots \quad F^\beta(\beta)}_{M(\beta-\alpha)\text{列}} & & \end{matrix}\right)\quad(\text{可同序}).$$

调整 $\boldsymbol{p}_i$,使每列恰有 $M\alpha$ 个 $\alpha_i^\beta$、$M(\beta-\alpha)$个 $F^\beta(\beta)$,得 $\boldsymbol{p}_i'$.

$$T(\boldsymbol{p}_i)=(M\beta\alpha_i^\beta)^{M\alpha}(M\beta F(\beta))^{M(\beta-\alpha)}$$

$$= [M\beta \cdot a_i^{\alpha} \cdot F^{\beta-\alpha}(\beta)]^{M\beta},$$

$$T(\boldsymbol{p}_i') = [M\alpha a_i^{\beta} + M(\beta - \alpha)F^{\beta}(\beta)]^{M\beta}.$$

$T(\boldsymbol{p}_i) \leqslant T(\boldsymbol{p}_i')$，两边开 $M\beta$ 次方，得

$$M\beta \cdot a_i^{\alpha} \cdot F^{\beta-\alpha}(\beta) \leqslant M\alpha a_i^{\beta} + M(\beta-\alpha)F^{\beta}(\beta).$$

所以

$$a_i^{\alpha} \leqslant \left[\frac{\beta-\alpha}{\beta} + \frac{\alpha}{\beta}\frac{a_i^{\beta}}{F^{\beta}(\beta)}\right]F^{\alpha}(\beta).$$

两边同乘以 $q_i / \sum_{i=1}^{n} q_i$，得

$$\frac{q_i a_i^{\alpha}}{\sum_{i=1}^{n} q_i} \leqslant \left(\frac{\beta-\alpha}{\beta} \cdot \frac{q_i}{\sum_{i=1}^{n} q_i} + \frac{\alpha}{\beta}\frac{q_i a_i^{\beta}}{\sum_{i=1}^{n} q_i a_i^{\beta}}\right)F^{\alpha}(\beta).$$

取 $i=1,2,\cdots,n$，两边求和得

$$F^{\alpha}(\alpha) \leqslant \left(\frac{\beta-\alpha}{\beta} + \frac{\alpha}{\beta}\right)F^{\alpha}(\beta) = F^{\alpha}(\beta).$$

所以 $F(\alpha) \leqslant F(\beta)$.

当 $\alpha, \beta$ 为实数时，可取有理数列 $\{\alpha_t\}$，$\{\beta_t\}$，使 $\alpha_t < \beta_t$ $(t=1,2,\cdots)$，且 $\lim\limits_{t\to\infty}\alpha_t = \alpha$，$\lim\limits_{t\to\infty}\beta_t = \beta$.

由 $F(x)$ 的连续性和极限对不等号的保向性，对 $F(\alpha_t) \leqslant F(\beta_t)$ 两边，令 $t \to \infty$，取极限得证 $F(\alpha) \leqslant F(\beta)$.

(3) 当 $\alpha < \beta < 0$ 时，$-\alpha > -\beta > 0$，对诸 $a_i^{-1}$ 用(2)的结论，有

$$\left(\frac{\sum q_i (a_i^{-1})^{-\alpha}}{\sum q_i}\right)^{-1/\alpha} \geqslant \left(\frac{\sum q_i (a_i^{-1})^{-\beta}}{\sum q_i}\right)^{-1/\beta},$$

所以 $F(\alpha) \leqslant F(\beta)$.

(4) 当 $\alpha<0<\beta$ 时,有 $\alpha_1,\alpha_2,\cdots,\alpha_k,\cdots\to0,\beta_1,\beta_2,\cdots,\beta_k,\cdots\to0,\alpha<\alpha_k<0,0<\beta_k<\beta$.因此

$$F(\alpha)\leqslant F(\alpha_k),\quad F(\beta_k)\leqslant F(\beta),$$

从而有

$$F(\alpha)\leqslant\lim_{k\to\infty}F(\alpha_k)=F(0)=\lim_{k\to\infty}F(\beta_k)\leqslant F(\beta).$$

**例 16**(赫尔德不等式) 设 $a_{ij}>0,\lambda_j>0(i=1,2,\cdots,m;j=1,2,\cdots,n)$,且 $\lambda_1+\lambda_2+\cdots+\lambda_n=1$,则有

$$\sum_{i=1}^{m}a_{i1}^{\lambda_1}a_{i2}^{\lambda_2}\cdots a_{in}^{\lambda_n}\leqslant\left(\sum_{i=1}^{m}a_{i1}\right)^{\lambda_1}\left(\sum_{i=1}^{m}a_{i2}\right)^{\lambda_2}\cdots\left(\sum_{i=1}^{m}a_{in}\right)^{\lambda_n}.$$

**证** 首先考虑诸 $\lambda_j$ 是有理数的情形.设 $M$ 是诸 $\lambda_j$ 的公分母,则 $\lambda_j=\dfrac{\alpha_j}{M}(j=1,2,\cdots,n)$. $M,\alpha_j$ 均为自然数,由 $\lambda_1+\lambda_2+\cdots+\lambda_n=1$,得 $\alpha_1+\alpha_2+\cdots+\alpha_n=M$.

考虑 $M\times M$ 矩阵

$$Q_i=\left(\begin{matrix}\frac{a_{i1}}{A_1}&\cdots&\frac{a_{i1}}{A_1}&\frac{a_{i2}}{A_2}&\cdots&\frac{a_{i2}}{A_2}&\cdots&\frac{a_{in}}{A_n}&\cdots&\frac{a_{in}}{A_n}\\ \frac{a_{i1}}{A_1}&\cdots&\frac{a_{i1}}{A_1}&\frac{a_{i2}}{A_2}&\cdots&\frac{a_{i2}}{A_2}&\cdots&\frac{a_{in}}{A_n}&\cdots&\frac{a_{in}}{A_n}\\ \vdots&&\vdots&\vdots&&\vdots&&\vdots&&\vdots\\ \frac{a_{i1}}{A_1}&\cdots&\frac{a_{i1}}{A_1}&\frac{a_{i2}}{A_2}&\cdots&\frac{a_{i2}}{A_2}&\cdots&\frac{a_{in}}{A_n}&\cdots&\frac{a_{in}}{A_n}\end{matrix}\right),$$

$$\underbrace{\qquad\qquad}_{\alpha_1\text{列}}\qquad\underbrace{\qquad\qquad}_{\alpha_2\text{列}}\qquad\underbrace{\qquad\qquad}_{\alpha_n\text{列}}$$

其中

$$A_j=\sum_{i=1}^{m}a_{ij}\quad(j=1,2,\cdots,n;i=1,2,\cdots,m).$$

$Q_i$ 可同序.调整 $Q_i$,使每列恰有 $\alpha_1$ 个 $a_{i1}$、$\alpha_2$ 个 $a_{i2}$……$\alpha_n$ 个 $a_{in}$,得 $Q_i'$.

$$T(Q_i) = M^M\left(\frac{a_{i1}}{A_1}\right)^{\alpha_1}\left(\frac{a_{i2}}{A_2}\right)^{\alpha_2}\cdots\left(\frac{a_{in}}{A_n}\right)^{\alpha_n},$$

$$T(Q_i') = \left(\alpha_1\frac{a_{i1}}{A_1} + \alpha_2\frac{a_{i2}}{A_2} + \cdots + \alpha_n\frac{a_{in}}{A_n}\right)^M.$$

$T(Q_i)\leqslant T(Q_i')$，两边开 $M$ 次方，得

$$\left(\frac{a_{i1}}{A_1}\right)^{\alpha_1/M}\left(\frac{a_{i2}}{A_2}\right)^{\alpha_2/M}\cdots\left(\frac{a_{in}}{A_n}\right)^{\alpha_n/M}$$

$$\leqslant \frac{\alpha_1}{M}\cdot\frac{a_{i1}}{A_1} + \frac{\alpha_2}{M}\cdot\frac{a_{i2}}{A_2} + \cdots + \frac{\alpha_n}{M}\cdot\frac{a_{in}}{A_n}.$$

取 $i=1,2,\cdots,m$，两边求和得

$$\sum_{i=1}^{n}\left(\frac{a_{i1}}{A_1}\right)^{\lambda_1}\left(\frac{a_{i2}}{A_2}\right)^{\lambda_2}\cdots\left(\frac{a_{in}}{A_n}\right)^{\lambda_n}$$

$$\leqslant \lambda_1\sum_{i=1}^{m}\frac{a_{i1}}{A_1} + \lambda_2\sum_{i=1}^{m}\frac{a_{i2}}{A_2} + \cdots + \lambda_n\sum_{i=1}^{m}\frac{a_{in}}{A_n}$$

$$= \lambda_1 + \lambda_2 + \cdots + \lambda_n = 1,$$

两边再乘以 $A_1^{\lambda_1}A_2^{\lambda_2}\cdots A_n^{\lambda_n}$ 即得证.

利用前例的办法，不难过渡到实数的情形. 证毕.

### 2.4　构造一些新的不等式

本节的不等式是作者先构造矩阵，再根据微微对偶不等式的性质构造出来，最后根据微微对偶不等式的性质进行证明的，所以叫新的不等式，这与其先存在于其他书刊不矛盾.

**例 1**　若 $a_1,a_2,\cdots,a_n>0$，证明：

$$\frac{\sum_{i=1}^{n}a_i^n}{\prod_{i=1}^{n}a_i} \geqslant \frac{\sum_{i=1}^{n-1}a_i^{n-1}}{\prod_{i=1}^{n-1}a_i} + 1 \geqslant n.$$

**证** 令

$$A=\begin{pmatrix} a_1 & a_2 & \cdots & a_n \\ a_1 & a_2 & \cdots & a_n \\ \vdots & \vdots & & \vdots \\ a_1 & a_2 & \cdots & a_n \end{pmatrix}_{n\times n}\quad（可同序）.$$

调整 $\boldsymbol{A}$，使主对角线上的数与第 $n$ 列交换，得 $\boldsymbol{A}'$. 由于

$$S(\boldsymbol{A})\geqslant S(\boldsymbol{A}'),$$

所以

$$\sum_{i=1}^{n} a_i^n \geqslant a_n \sum_{i=1}^{n-1} a_i^{n-1}+\prod_{i=1}^{n} a_i,$$

两边除以 $\prod_{i=1}^{n} a_i$ 即得证.

注意，这里已经加强了柯西不等式.

**例 2** 若 $0<a\leqslant x\leqslant b$，证明：

$$b^n\prod_{k=1}^{n}\left[1-\frac{b-x}{(n-k)a+kb}\right]^n \leqslant x^n \leqslant \frac{b^n(x-a)+a^n(b-x)}{b-a}.$$

**证** 令

$$A=\begin{pmatrix} x & b & b & \cdots & b \\ a & x & b & \cdots & b \\ a & a & x & \cdots & b \\ \vdots & \vdots & \vdots & & \vdots \\ a & a & a & \cdots & x \end{pmatrix}_{n\times n}\quad（可同序）.$$

调整 $\boldsymbol{A}$，使主对角线上的 $x$ 与第一列交换，得 $\boldsymbol{A}'$.

$$S(\boldsymbol{A}) = x(a^{n-1} + a^{n-2}b + \cdots + b^{n-1}) = x\frac{b^n - a^n}{b - a},$$

$$S(\boldsymbol{A}') = x^n + a^{n-1}b + a^{n-2}b^2 + \cdots + ab^{n-1}$$

$$= x^n + \frac{ab(b^{n-1} - a^{n-1})}{b - a}.$$

由 $S(\boldsymbol{A}') \leqslant S(\boldsymbol{A})$得证右半边不等式.

$$T(\boldsymbol{A}) = [(n-1)a + x][(n-2)a + b + x] \cdot \cdots [(n-1)b + x]$$

$$= \prod_{k=1}^{n}[(n-k)a + (k-1)b + x],$$

$$T(\boldsymbol{A}') = nx[(n-1)a + b][(n-2)a + 2b] \cdot \cdots [a + (n-1)b]$$

$$= \frac{x}{b}\prod_{k=1}^{n}[(n-k)a + kb].$$

由 $T(\boldsymbol{A}) \leqslant T(\boldsymbol{A}')$得

$$x \geqslant b\prod_{k=1}^{n}\frac{(n-k)a + (k-1)b + x}{(n-k)a + kb}$$

$$= b\prod_{k=1}^{n}\left[1 - \frac{b - x}{(n-k)a + kb}\right].$$

两边 $n$ 次方得证左半边不等式.

特别地,令 $x = \dfrac{a + \lambda b}{1 + \lambda}(\lambda > 0)$,有

$$b^n\prod_{k=1}^{n}\left\{1 - \frac{b - a}{(1 + \lambda)[(n-k)a + kb]}\right\} \leqslant \left(\frac{a + \lambda b}{1 + \lambda}\right)^n \leqslant \frac{a^n + \lambda b^n}{1 + \lambda}.$$

令 $\lambda = 1$,有

$$\left(\frac{a+b}{2}\right)^n \leqslant \frac{a^n+b^n}{2}.$$

其次，令 $0<a=p\leqslant x=q\leqslant b=r$，有

$$p^n r + q^n p + r^n q \geqslant p^n q + q^n r + r^n p.$$

**例 3**　设 $a_1, a_2, \cdots, a_n>0$，$m$ 是自然数，

$$A_n = \frac{1}{n}\sum_{i=1}^{n} a_i^m, \quad B_n = \left(\frac{1}{n}\sum_{i=1}^{n} a_i\right)^m,$$

则 $(n-1)(A_{n-1}-B_{n-1})\leqslant n(A_n - B_n)$.

**证**　考虑 $m\times mn$ 矩阵

$$\boldsymbol{M} = \begin{pmatrix} x & \cdots & x & y & 1 & \cdots & 1 \\ x & \cdots & x & y & 1 & \cdots & 1 \\ \vdots & & \vdots & \vdots & \vdots & & \vdots \\ \underbrace{x \quad \cdots \quad x}_{n-1\text{列}} & & & y & \underbrace{1 \quad \cdots \quad 1}_{(m-1)n\text{列}} & & \end{pmatrix} \quad (\text{可同序}),$$

其中

$$x = \sqrt[m]{\frac{B_{n-1}}{B_n}}, \quad y = \frac{a_n}{\sqrt[m]{B_n}}.$$

调整 $\boldsymbol{M}$，使每列恰有 $m-1$ 个 1，得 $\boldsymbol{N}$.

$$S(\boldsymbol{M}) = \frac{(n-1)B_{n-1} + a_n^m}{B_n} + mn - n,$$

$$S(\boldsymbol{N}) = m(n-1)x + my = m[(n-1)x + y] = mn.$$

由 $S(\boldsymbol{M})\geqslant S(\boldsymbol{N})$ 得

$$(n-1)B_{n-1} + a_n^m \geqslant nB_n.$$

因此

$$(n-1)B_{n-1} + a_n^m + (n-1)A_{n-1} \geqslant nB_n + (n-1)A_{n-1},$$

$$(n-1)B_{n-1}+nA_n \geqslant nB_n+(n-1)A_{n-1},$$

$$(n-1)(A_{n-1}-B_{n-1}) \leqslant n(A_n-B_n).$$

得证.

天津《中等数学》1985 年第 5 期证明了 $m=2$ 的情形.

**例 4** 若 $p>s\geqslant r>q, p+q=s+r, a_1, a_2, \cdots, a_n>0$,证明:

$$\left(\sum_{i=1}^{n} a_i^p\right)\left(\sum_{i=1}^{n} a_i^q\right) \geqslant \left(\sum_{i=1}^{n} a_i^s\right)\left(\sum_{i=1}^{n} a_i^r\right).$$

**证** 即证

$$\sum_{j=1}^{n}\sum_{i=1}^{n} a_i^p a_j^q \geqslant \sum_{j=1}^{n}\sum_{i=1}^{n} a_i^s a_j^r.$$

若 $i=j$,则 $a_i^p a_j^q = a_i^s a_j^r$.

若 $i\neq j$,则左边两项和 $a_i^p a_j^q + a_i^q a_j^p$ 与右边两项和 $a_i^s a_j^r + r_i^r a_j^s$ 一一对应.因为

$$S\begin{pmatrix} a^{s-q} & b^{s-q} \\ a^{r-q} & b^{r-q} \end{pmatrix} \geqslant S\begin{pmatrix} a^{s-q} & b^{s-q} \\ b^{r-q} & a^{r-q} \end{pmatrix},$$

所以

$$a^{p-q}+b^{p-q} \geqslant a^{s-q}b^{r-q}+a^{r-q}b^{s-q},$$

$$a^p b^q + a^q b^p \geqslant a^s b^r + a^r b^s,$$

$$a_i^p a_j^q + a_i^q a_j^p \geqslant a_i^s a_j^r + a_i^r a_j^s \quad (i, j=1, 2, \cdots, n).$$

两边求和,原不等式得证.

特别地,令 $q=0$,有

$$\frac{\sum_{i=1}^{n} a_i^{r+s}}{n} \geqslant \frac{\left(\sum_{i=1}^{n} a_i^r\right)}{n} \cdot \frac{\left(\sum_{i=1}^{n} a_i^s\right)}{n},$$

$$\frac{\sum_{i=1}^{n} a_i^m}{n} \geqslant \frac{\sum_{i=1}^{n} a_i^{m-1}}{n} \cdot \frac{\sum_{i=1}^{n} a_i}{n} \geqslant \cdots \geqslant \left(\frac{\sum_{i=1}^{n} a_i}{n}\right)^m.$$

令 $p=1,q=-1,r=s=0$,有

$$\left(\sum_{i=1}^{n} a_i\right)\left(\sum_{i=1}^{n} a_i^{-1}\right) \geqslant n^2.$$

此外,有

$$\begin{aligned}\frac{a_1^6+a_2^6+\cdots+a_n^6}{n} &\geqslant \frac{\sum_{i=1}^{n} a_i^4}{n}\ \frac{\sum_{i=1}^{n} a_i^2}{n} \\ &\geqslant \frac{\sum_{i=1}^{n} a_i^3}{n}\ \frac{\sum_{i=1}^{n} a_i^2}{n}\ \frac{\sum_{i=1}^{n} a_i}{n}.\end{aligned}$$

下面给出

$$\frac{\sum_{i=1}^{n} a_i^m}{n} \geqslant \left(\frac{\sum_{i=1}^{n} a_i}{n}\right)^m$$

的另一种证明.

**证** 令 $A=\frac{1}{n}\sum_{i=1}^{n} a_i$,

$$\boldsymbol{M}=\begin{pmatrix} \frac{a_1}{A} & \frac{a_2}{A} & \cdots & \frac{a_n}{A} & 1 & \cdots & 1 \\ \frac{a_1}{A} & \frac{a_2}{A} & \cdots & \frac{a_n}{A} & 1 & \cdots & 1 \\ \vdots & \vdots & & \vdots & \vdots & & \vdots \\ \frac{a_1}{A} & \frac{a_2}{A} & \cdots & \frac{a_n}{A} & 1 & \cdots & 1 \end{pmatrix}_{m\times mn} \quad (可同序),$$

调整 $\boldsymbol{M}$,使每列恰有 $m-1$ 个 1,得 $\boldsymbol{M}'$.

$$S(\boldsymbol{M}) = \sum_{i=1}^{n} \frac{a_i^m}{A^m} + mn - n,$$

$$S(\boldsymbol{M}') = mn.$$

由 $S(\boldsymbol{M}) \geqslant S(\boldsymbol{M}')$得证.

**例 5** 若 $a_1, a_2, \cdots, a_n$ 同号,$a = a_1 + a_2 + \cdots + a_n$, $nk > 1$,证明:

(1) $\displaystyle\sum_{i=1}^{n} \frac{a_i}{ka - a_i} \geqslant \frac{n}{kn-1}$;

(2) $\displaystyle\sum_{i=1}^{n} \frac{ka - a_i}{a_i} \geqslant n(kn-1)$;

(3) $\displaystyle\sum_{i=1}^{n} \frac{ka}{ka - a_i} \geqslant \frac{kn^2}{kn-1}$.

**证** 不妨设 $a_i$ 全大于 0,$a_1 \leqslant a_2 \leqslant \cdots \leqslant a_n$.令

$$\boldsymbol{A}_l = \begin{pmatrix} ka_{1+l} & ka_{2+l} & \cdots & ka_{n+l} \\ \dfrac{1}{ka - a_1} & \dfrac{1}{ka - a_2} & \cdots & \dfrac{1}{ka - a_n} \end{pmatrix}$$

$(l = 0, 1, \cdots, n-1)$.由于 $\boldsymbol{A}_0$ 是同序的,所以

$$S(\boldsymbol{A}_0) \geqslant S(\boldsymbol{A}_l) \quad (l = 0, 1, \cdots, n-1).$$

由此得

$$nS(\boldsymbol{A}_0) \geqslant \sum_{l=0}^{n-1} S(\boldsymbol{A}_l) = \sum_{i=1}^{n} \frac{ka}{ka - a_i}$$

$$= \sum_{i=1}^{n} 1 + \sum_{i=1}^{n} \frac{a_i}{ka - a_i},$$

所以

$$(nk-1)\sum_{i=1}^{n} \frac{a_i}{ka - a_i} \geqslant n.$$

得证(1).

$$\sum_{i=1}^{n} \frac{ka - a_i}{a_i} = ka\sum_{i=1}^{n} a_i^{-1} - \sum_{i=1}^{n} 1$$

$$= k\left(\sum_{i=1}^{n} a_i\right)\left(\sum_{i=1}^{n} a_i^{-1}\right) - n$$

$$\geqslant kn^2 - n = n(kn - 1).$$

得证(2).

$$\sum_{i=1}^{n} \frac{ka}{ka - a_i} = \sum_{i=1}^{n} 1 + \sum_{i=1}^{n} \frac{a_i}{ka - a_i}$$

$$\geqslant n + \frac{n}{kn - 1} = \frac{kn^2}{kn - 1}.$$

得证(3).

特别注意 $k = 1$ 的情形.请读者考虑 $k < 0$ 的情形.

**例 6** 证明:若 $0 \leqslant a_{i1} \leqslant a_{i2} \leqslant \cdots \leqslant a_{in}(i = 1,2,\cdots,m)$,则 $\frac{S(a_{ij})}{n} \geqslant T\left(\frac{a_{ji}}{n}\right)$.

**证** 由于 $T(a_{ij}) = (a_{ij})$的 $n^{m-1}$个乱序矩阵的列积和的和$\leqslant n^{m-1}S(a_{ij})$,所以

$$\frac{S(a_{ij})}{n} \geqslant \frac{T(a_{ij})}{n^m} = T\left(\frac{a_{ji}}{n}\right).$$

例如,若 $0 \leqslant a \leqslant b \leqslant c, 0 \leqslant x \leqslant y \leqslant z$,

$$\boldsymbol{A} = \begin{pmatrix} a & b & c \\ x & y & z \end{pmatrix}, \quad \boldsymbol{B} = \begin{pmatrix} \frac{a}{3} & \frac{x}{3} \\ \frac{b}{3} & \frac{y}{3} \\ \frac{c}{3} & \frac{z}{3} \end{pmatrix},$$

则有$\frac{1}{3}S(\boldsymbol{A})\geqslant T(\boldsymbol{B})$,即

$$\frac{ax+by+cz}{3}\geqslant\frac{a+b+c}{3}\cdot\frac{x+y+z}{3}.$$

又如

$$\boldsymbol{A}=\begin{pmatrix}a^3 & b^3\\ a^2 & b^2\\ a & b\end{pmatrix},\quad \boldsymbol{B}=\begin{pmatrix}\frac{a^3}{2} & \frac{a^2}{2} & \frac{a}{2}\\ \frac{b^3}{2} & \frac{b^2}{2} & \frac{b}{2}\end{pmatrix},$$

由$\frac{1}{2}S(\boldsymbol{A})\geqslant T(\boldsymbol{B})$即得

$$\frac{a^6+b^6}{2}\geqslant\frac{a^3+b^3}{2}\cdot\frac{a^2+b^2}{2}\cdot\frac{a+b}{2}.$$

**例 7** 若 $x,y,z,\alpha,\beta,\gamma>0$,则

$$(\alpha+\beta+\gamma)^3xyz$$
$$\leqslant(\alpha x+\beta y+\gamma z)(\alpha y+\beta z+\gamma x)(\alpha z+\beta x+\gamma y).$$

**证** 令

$$\boldsymbol{A}=\begin{pmatrix}\alpha x & \alpha y & \alpha z\\ \beta x & \beta y & \beta z\\ \gamma x & \gamma y & \gamma z\end{pmatrix},\quad \boldsymbol{B}=\begin{pmatrix}\alpha x & \alpha y & \alpha z\\ \beta y & \beta z & \beta x\\ \gamma z & \gamma x & \gamma y\end{pmatrix},$$

则 $\boldsymbol{A}$ 可同序,$\boldsymbol{B}$ 是 $\boldsymbol{A}$ 的乱序矩阵.由 $T(\boldsymbol{A})\leqslant T(\boldsymbol{B})$得证.

类似地,可得:

若 $x,y,z,\alpha,\beta>0$,则

$$(\alpha+\beta)^3xyz\leqslant(\alpha x+\beta y)(\alpha y+\beta z)(\alpha z+\beta x).$$

一般地,若 $\alpha_1,\alpha_2,\cdots,\alpha_m,x_1,x_2,\cdots,x_n>0$,则

$$T(\alpha_ix_j)\leqslant T(\alpha_ix_{i_j}),$$

其中 $i_1 i_2 \cdots i_n$ 是 $1,2,\cdots,n$ 的排列($i=1,2,\cdots,m$),即

$$\left(\sum_{i=1}^{m}\alpha_i\right)^n\prod_{j=1}^{n}x_j\leqslant\prod_{j=1}^{n}\left(\sum_{i=1}^{m}\alpha_i x_{i_j}\right).$$

特别当 $\alpha_1+\alpha_2+\cdots+\alpha_n=1$ 时,有

$$x_1x_2\cdots x_n\leqslant\prod_{j=1}^{n}\left(\sum_{i=1}^{m}\alpha_i x_{i_j}\right);$$

当 $x=\alpha,y=\beta,z=\gamma$ 时,有

$$(\alpha+\beta+\gamma)^3\alpha\beta\gamma\leqslant(\alpha^2+\beta^2+\gamma^2)(\alpha\beta+\beta\gamma+\gamma\alpha)^2.$$

当 $x=1,y=2,z=3$ 时,有

$$6(\alpha+\beta+\gamma)^3$$
$$\leqslant(\alpha+2\beta+3\gamma)(3\alpha+\beta+2\gamma)(2\alpha+3\beta+\gamma).$$

**例 8**　设 $x,y,z\geqslant1$ 或 $0<x,y,z<1$,证明:

$$(xyz)^\alpha+(xyz)^\beta+(xyz)^\gamma$$
$$\geqslant x^\alpha y^\beta z^\gamma+x^\gamma y^\alpha z^\beta+x^\beta y^\gamma z^\alpha, \tag{1}$$
$$(x^\alpha+y^\alpha+z^\alpha)(x^\beta+y^\beta+z^\beta)(x^\gamma+y^\gamma+z^\gamma)$$
$$\leqslant(x^\alpha+y^\beta+z^\gamma)(x^\gamma+y^\alpha+z^\beta)(x^\beta+y^\gamma+z^\alpha). \tag{2}$$

**证**　令

$$\boldsymbol{M}=\begin{pmatrix}x^\alpha & x^\beta & x^\gamma\\ y^\alpha & y^\beta & y^\gamma\\ z^\alpha & z^\beta & z^\gamma\end{pmatrix},\quad \boldsymbol{N}=\begin{pmatrix}x^\alpha & x^\beta & x^\gamma\\ y^\beta & y^\gamma & y^\alpha\\ z^\gamma & z^\alpha & z^\beta\end{pmatrix},$$

则 $\boldsymbol{M}$ 可同序,$\boldsymbol{N}$ 是乱序矩阵.

由 $S(\boldsymbol{M})\geqslant S(\boldsymbol{N})$ 得证式(1).

由 $T(\boldsymbol{M})\leqslant T(\boldsymbol{N})$ 得证式(2).

类似地,若 $x,y\geqslant1$ 或 $0<x,y<1$,则

$$(xy)^\alpha+(xy)^\beta+(xy)^\gamma\geqslant x^\alpha y^\beta+x^\beta y^\gamma+x^\gamma y^\alpha,$$

$$(x^{\alpha}+y^{\alpha})(x^{\beta}+y^{\beta})(x^{\gamma}+y^{\gamma})$$
$$\leqslant (x^{\alpha}+y^{\beta})(x^{\beta}+y^{\gamma})(x^{\gamma}+y^{\alpha}).$$

一般地,若 $x_1,x_2,\cdots,x_m\geqslant 1$ 或 $0<x_1,x_2,\cdots,x_m<1$,$i_1i_2\cdots i_n$ 是 $1,2,\cdots,n$ 的排列,$i=1,2,\cdots,m$,则:

(1) $S(x_i^{a_j})\geqslant S(x_i^{a_{i_j}})$;

(2) $T(x_i^{a_j})\leqslant T(x_i^{a_{i_j}})$.

**例 9**

$$(a_1^2+a_2^2+\cdots+a_n^2)b^2+(b_1^2+b_2^2+\cdots+b_n^2)a^2$$
$$\geqslant 2ab(a_1b_1+a_2b_2+\cdots+a_nb_n).$$

**证** 令

$$M=\begin{pmatrix} a_1b & a_2b & \cdots & a_nb & b_1a & b_2a & \cdots & b_na \\ a_1b & a_2b & \cdots & a_nb & b_1a & b_2a & \cdots & b_na \end{pmatrix},$$

$$M'=\begin{pmatrix} a_1b & a_2b & \cdots & a_nb & b_1a & b_2a & \cdots & b_na \\ b_1a & b_2a & \cdots & b_na & a_1b & a_2b & \cdots & a_nb \end{pmatrix}.$$

由 $S(\boldsymbol{M})\geqslant S(\boldsymbol{M}')$得证.

值得注意的是,不仅这个不等式是柯西-布尔加科夫-施瓦兹不等式的直接结果,而且柯西-布尔加科夫-施瓦兹不等式也是这个不等式的直接结果.因此,我们这里给出了柯西-布尔加科夫-施瓦兹不等式的另一种证明.这只要令 $b^2=b_1^2+b_2^2+\cdots+b_n^2$,$a^2=a_1^2+a_2^2+\cdots+a_n^2$ 便可得知.

**例 10** 若 $0\leqslant x_{i1}\leqslant x_{i2}\leqslant\cdots\leqslant x_{in}$($i=1,2,\cdots,m$),则

$$\frac{1}{n}\sum_{j=1}^{n}x_{1j}x_{2j}\cdots x_{mj}\geqslant\left(\frac{1}{n}\sum_{j=1}^{n}x_{1j}\right)\left(\frac{1}{n}\sum_{j=1}^{n}x_{2j}\right)\cdots\left(\frac{1}{n}\sum_{j=1}^{n}x_{mj}\right).$$

**证** 考虑 $m\times n$ 矩阵

$$A = \begin{pmatrix} x_{11} & x_{12} & \cdots & x_{1n} \\ x_{21} & x_{22} & \cdots & x_{2n} \\ \vdots & \vdots & & \vdots \\ x_{m1} & x_{m2} & \cdots & x_{mn} \end{pmatrix}.$$

$\boldsymbol{A}$ 是同序矩阵,分 $m-1$ 步作 $\boldsymbol{A}$ 的变换,第 $k$ 步把 $\boldsymbol{A}$ 的第 $k$ 行变为

$$x_{k,1+l}, x_{k,2+l}, \cdots, x_{k,n+l}$$

$(l=0,1,\cdots,n-1;k=2,3,\cdots,m)$. 约定 $n=0$. 有 $n$ 种方法,依次完成这 $m-1$ 步变换 $\boldsymbol{A}$ 的工作,可分别得到一个矩阵. 由乘法原理,共可得 $n^{m-1}$ 个 $\boldsymbol{A}$ 的乱序矩阵 $\boldsymbol{A}'_i$ $(i=1,2,\cdots,n^{m-1})$. 所有乱序矩阵的列积共有 $n^m$ 个,它们正是

$$\left(\sum_{j=1}^{n} x_{1j}\right)\left(\sum_{j=1}^{n} x_{2j}\right)\cdots\left(\sum_{j=1}^{n} x_{mj}\right)$$

的展开式中的各项. 由 $S(\boldsymbol{A}) \geqslant S(\boldsymbol{A}'_i)$ 得

$$\begin{aligned} n^{m-1}\sum_{j=1}^{n} x_{1j}x_{2j}\cdots x_{mj} &= n^{m-1}S(\boldsymbol{A}) \geqslant \sum_{i=1}^{n^{m-1}} S(\boldsymbol{A}'_i) \\ &= \left(\sum_{j=1}^{n} x_{1j}\right)\left(\sum_{j=1}^{n} x_{2j}\right)\cdots\left(\sum_{j=1}^{n} x_{mj}\right), \end{aligned}$$

两边除以 $n^m$ 即得证.

特别地,当 $x_{1j}=x_{2j}=\cdots=x_{mj}=a_j$ 时,有

$$\frac{1}{n}\sum_{j=1}^{n} a_j^m \geqslant \left(\frac{1}{n}\sum_{j=1}^{n} a_j\right)^m.$$

当 $m=2$ 时,此即 2.3 节例 1 中的切比雪夫不等式.

## 2.5 处理四个高考不等式

不等式在中学里被认为是难点,在高考中许多学生败在

不等式的题目里. 众人呼吁高考中不能有纯不等式的证明题. 但在各种数学竞赛里几乎都有. 前面处理了一些竞赛题，下面再处理几个高考题.

**例 1**　求证：

$$\frac{n(n+1)}{2}<\sqrt{1\cdot 2}+\sqrt{2\cdot 3}+\cdots+\sqrt{n(n+1)}<\frac{(n+1)^2}{2}.$$

(1985 年全国高考压轴题)

**证**　令

$$\boldsymbol{A}=\begin{pmatrix}\sqrt{1} & \sqrt{2} & \cdots & \sqrt{n}\\ \sqrt{2} & \sqrt{3} & \cdots & \sqrt{n+1}\end{pmatrix},$$

$$\boldsymbol{B}=\begin{pmatrix}\sqrt{1} & \sqrt{2} & \cdots & \sqrt{n}\\ \sqrt{n+1} & \sqrt{2} & \cdots & \sqrt{n}\end{pmatrix},$$

$$\boldsymbol{C}=\begin{pmatrix}\sqrt{1} & \sqrt{2} & \sqrt{2} & \cdots & \sqrt{n} & \sqrt{n+1}\\ \sqrt{1} & \sqrt{2} & \sqrt{2} & \cdots & \sqrt{n} & \sqrt{n+1}\end{pmatrix},$$

$$\boldsymbol{D}=\begin{pmatrix}\sqrt{1} & \sqrt{2} & \sqrt{2} & \cdots & \sqrt{n} & \sqrt{n+1}\\ \sqrt{2} & \sqrt{1} & \sqrt{3} & \cdots & \sqrt{n+1} & \sqrt{n}\end{pmatrix}.$$

由微微对偶不等式得

$$S(\boldsymbol{A})\geqslant S(\boldsymbol{B})=\sqrt{n+1}-1+\frac{n(n+1)}{2}>\frac{n(n+1)}{2},$$

$$\begin{aligned}2S(\boldsymbol{A})&=S(\boldsymbol{D})\leqslant S(\boldsymbol{C})\\&=1+2(2+3+\cdots+n)+n+1\\&=n(n+2)<(n+1)^2.\end{aligned}$$

因此

$$\frac{n(n+1)}{2}<S(\boldsymbol{A})<\frac{(n+1)^2}{2}.$$

得证.

注意，这里的证法实际上给出了：

$$\sqrt{n+1}-1+\frac{n(n+1)}{2}\leqslant S(\boldsymbol{A})$$

$$\leqslant\frac{n(n+2)}{2}=\frac{(n+1)^2}{2}-\frac{1}{2},$$

即对原不等式左边和右边分别加强到 $\sqrt{n+1}-1$ 和 $\frac{1}{2}$.

**例 2** 设 $f(x)=\ln[1+2^x+\cdots+(n-1)^x+an^x]-\ln n$ $(0<a\leqslant 1)$. 求证：$2f(x)\leqslant f(2x)$.（1990 年全国高考压轴题）

**证** 由于 $f(x)$ 单调增，要证 $2f(x)\leqslant f(2x)$，即要证

$$\left[\frac{1+2^x+\cdots+(n-1)^x+an^x}{n}\right]^2$$

$$\leqslant\frac{1+2^{2x}+\cdots+(n-1)^{2x}+an^{2x}}{n},$$

也即要证

$$[1+2^x+\cdots+(n-1)^x+an^x]^2$$

$$\leqslant n[1+2^{2x}+\cdots+(n-1)^{2x}+an^{2x}].$$

由于 $a^2\leqslant a$，故只要证

$$[1+2^x+\cdots+(n-1)^x+an^x]^2$$

$$\leqslant n[1+2^{2x}+\cdots+(n-1)^{2x}+a^2n^{2x}],$$

即要证

$$(a_1+a_2+\cdots+a_n)^2\leqslant n(a_1^2+a_2^2+\cdots+a_n^2).$$

令

$$A=\begin{pmatrix} a_1 & a_1 & \cdots & a_1 & a_2 & a_2 & \cdots & a_2 & \cdots & a_n & a_n & \cdots & a_n \\ a_1 & a_1 & \cdots & a_1 & a_2 & a_2 & \cdots & a_2 & \cdots & a_n & a_n & \cdots & a_n \end{pmatrix},$$

$$B=\begin{pmatrix} a_1 & a_1 & \cdots & a_1 & a_2 & a_2 & \cdots & a_2 & \cdots & a_n & a_n & \cdots & a_n \\ a_1 & a_2 & \cdots & a_n & a_1 & a_2 & \cdots & a_n & \cdots & a_1 & a_2 & \cdots & a_n \end{pmatrix}.$$

由 $S(\boldsymbol{A})\geqslant S(\boldsymbol{B})$得证.

本题有四个关键点:① 去“ln”;② 利用 $a^2\leqslant a$;③ 引出代换度量 $a_1,a_2,\cdots,a_n$;④ 证明$(a_1+a_2+\cdots+a_n)^2\leqslant n(a_1^2+a_2^2+\cdots+a_n^2)$.

1991 年第 5 期《数学通报》提到,在北京地区此题得 12 分的只有 1 人,得分≥6 的寥寥无几.1991 年第 5 期《安徽数学教学》提到,虽然此题很难,但安徽省还是有人做出来了,这是好现象.

**例 3** 求证:对 $n\in\mathbf{N},n\geqslant 3,2^n>2n+1$.(1991 年湖南、海南、云南高考压轴题)

**证** 令

$$A=\begin{pmatrix} 1 & 1 & \cdots & 1 \\ 1 & 0 & \cdots & 0 \\ \vdots & \vdots & & \vdots \\ 1 & 0 & \cdots & 0 \end{pmatrix}_{n\times n},$$

$$B=\begin{pmatrix} 1 & 1 & \cdots & 1 \\ 0 & 1 & \cdots & 0 \\ \vdots & \vdots & & \vdots \\ 0 & 0 & \cdots & 1 \end{pmatrix}_{n\times n},$$

则有 $nT(\boldsymbol{A})<T(\boldsymbol{B})=2^{n-1}$,即 $n<2^{n-1}$,也即 $2^n>2n$,所以

$2^n \geqslant 2n+2, 2^n > 2n+1$.

本题有一个简洁证法，即利用组合数，

$$2^n = (1+1)^n = C_n^0 + C_n^1 + \cdots + C_n^{n-1} + C_n^n$$
$$\geqslant 2n+2 > 2n+1.$$

可惜当年很少有考生这样做，大半用数学归纳法，这也正是命题人的原意.

**例 4** 求证：对 $m, n \in \mathbf{N}, m \leqslant n$,

$$(1+n)^m \leqslant (1+m)^n.$$

(2001 年全国高考压轴题)

**证** 令

$$\boldsymbol{A} = \begin{pmatrix} 1 & 1 & \cdots & 1 & 1 & 1 & \cdots & 1 \\ 1 & 1 & \cdots & 1 & 0 & 0 & \cdots & 0 \\ \vdots & \vdots & & \vdots & \vdots & \vdots & & \vdots \\ \underbrace{1 \quad 1 \quad \cdots \quad 1}_{m\text{列}} & & & & \underbrace{0 \quad 0 \quad \cdots \quad 0}_{n-m\text{列}} & & & \end{pmatrix}_{(n+1)\times n}.$$

把 $\boldsymbol{A}$ 的左边 $m$ 列中的 1 调到右边 $n-m$ 列中的 0 位上. 每列调走 $n-m$ 个 1，共调走 $(n-m)m$ 个 1，每列放 $m$ 个 1，共放 $m(n-m)$ 个 1，得 $\boldsymbol{B}$. $\boldsymbol{B}$ 中每列有 $m+1$ 个. 因此

$$\text{原式左边} = T(\boldsymbol{A}) \leqslant T(\boldsymbol{B}) = \text{右边}.$$

## 2.6 推广四个著名不等式

**命题 1**（柯西不等式的推广） 设 $a_{ij} \geqslant 0$ $(i=1,2,\cdots,m;\ j=1,2,\cdots,n)$，则

$$\left(\sum_{i=1}^m a_{i1}a_{i2}\cdots a_{in}\right)^n \leqslant \left(\sum_{i=1}^m a_{i1}^n\right)\left(\sum_{i=1}^m a_{i2}^n\right)\cdots\left(\sum_{i=1}^m a_{in}^n\right).$$

**证** 令 $A_j=\left(\sum_{i=1}^{m}a_{ij}^{n}\right)^{1/n}(j=1,2,\cdots,n)$.考虑 $n\times n$ 矩阵

$$P_i=\begin{pmatrix}\frac{a_{i1}}{A_1} & \frac{a_{i2}}{A_2} & \cdots & \frac{a_{in}}{A_n}\\ \frac{a_{i1}}{A_1} & \frac{a_{i2}}{A_2} & \cdots & \frac{a_{in}}{A_n}\\ \vdots & \vdots & & \vdots\\ \frac{a_{i1}}{A_1} & \frac{a_{i2}}{A_2} & \cdots & \frac{a_{in}}{A_n}\end{pmatrix}\quad(i=1,2,\cdots,m).$$

作 $n\times mn$ 矩阵 $\boldsymbol{M}=(\boldsymbol{P}_1\quad \boldsymbol{P}_2\quad\cdots\quad \boldsymbol{P}_m)$.易知,$\boldsymbol{M}$ 是可同序矩阵,可对 $\boldsymbol{P}_i$ 的各行作适当的置换,得矩阵 $\boldsymbol{Q}_i$,使 $\boldsymbol{Q}_i$ 的各列的积都是

$$\frac{a_{i1}}{A_1}\cdot\frac{a_{i2}}{A_2}\cdots\frac{a_{in}}{A_n}\quad(i=1,2,\cdots,m).$$

$\boldsymbol{N}=(\boldsymbol{Q}_1\quad \boldsymbol{Q}_2\quad\cdots\quad \boldsymbol{Q}_n)$是 $\boldsymbol{M}$ 的乱序矩阵.所以

$$\begin{aligned}&n\sum_{i=1}^{m}\left(\frac{a_{i1}}{A_1}\cdot\frac{a_{i2}}{A_2}\cdots\frac{a_{in}}{A_n}\right)\\ &=S(\boldsymbol{N})\leqslant S(\boldsymbol{M})\\ &=\sum_{i=1}^{m}\sum_{j=1}^{n}\left(\frac{a_{ij}}{A_j}\right)^{n}=n,\end{aligned}$$

约去 $n$,去分母,再 $n$ 次方即得证命题 1.

**命题 2**(拉东不等式的推广) 设 $a_i>0,P_i>0(i=1,2,\cdots,n)$.记

$$Q_n=P_1+P_2+\cdots+P_n,$$

$$S_n=\frac{P_1a_1+P_2a_2+\cdots+P_na_n}{Q_n},$$

$$T_n = (a_1^{P_1} a_2^{P_2} \cdots a_n^{P_n})^{1/Q_n},$$

则

$$Q_n(S_n - T_n) \geqslant Q_{n-1}(S_{n-1} - T_{n-1})$$
$$\geqslant \cdots \geqslant Q_1(S_1 - T_1) = 0.$$

**证** 先证 $P_1, P_2, \cdots, P_n$ 均为有理数的情形. 设 $P_i = \frac{q_i}{M}$, $q_i$, $M$ 为自然数($i=1,2,\cdots,n$). 考虑 $Q_nM \times Q_nM$ 矩阵

$$\boldsymbol{A} = \begin{pmatrix} T_{n-1} & \cdots & T_{n-1} & \cdots & T_{n-1} & \cdots & T_{n-1} & a_n & \cdots & a_n \\ T_{n-1} & \cdots & T_{n-1} & \cdots & T_{n-1} & \cdots & T_{n-1} & a_n & \cdots & a_n \\ \vdots & & \vdots & & \vdots & & \vdots & \vdots & & \vdots \\ \underbrace{T_{n-1} & \cdots & T_{n-1}}_{q_1\text{列}} & \cdots & \underbrace{T_{n-1} & \cdots & T_{n-1}}_{q_{n-1}\text{列}} & \underbrace{a_n & \cdots & a_n}_{q_n\text{列}} \end{pmatrix}.$$

易知 $\boldsymbol{A}$ 是可同序矩阵,可对 $\boldsymbol{A}$ 的各列作适当的置换,使得其各列都有 $q_n$ 个 $a_n$,得 $\boldsymbol{A}$ 的乱序矩阵 $\boldsymbol{A}'$.

$$\begin{aligned} T(\boldsymbol{A}) &= (Q_nMT_{n-1})^{\sum_{i=1}^{n-1} q_i}(Q_nMa_n)^{q_n} \\ &= (Q_nM)^{Q_nM}T_{n-1}{}^{M\sum_{i=1}^{n} P_i}a_n^{mq_n} \\ &= (Q_nM)^{Q_nM}T_n^{MQ_n} \\ &= M^{Q_nM}(Q_nT_n)^{MQ_n}, \end{aligned}$$

$$\begin{aligned} T(\boldsymbol{A}') &= \left(\sum_{i=1}^{n-1} q_iT_{n-1} + q_na_n\right)^{\sum_{i=1}^{n} q_i} \\ &= \left(M\sum_{i=1}^{n-1} P_iT_{n-1} + MP_na_n\right)^{MQ_n} \\ &= (MQ_{n-1}T_{n-1} + MP_na_n)^{MQ_n} \\ &= M^{MQ_n}(Q_{n-1}T_{n-1} + P_na_n)^{MQ_n}. \end{aligned}$$

由 $T(\boldsymbol{A}) \leqslant T(\boldsymbol{A}')$ 有

$$M^{Q_nM}(Q_nT_n)^{MQ_n} \leqslant M^{MQ_n}(Q_{n-1}T_{n-1}+P_na_n)^{MQ_n}.$$

从而有

$$\begin{aligned} Q_nT_n &\leqslant Q_{n-1}T_{n-1}+P_na_n \\ &= Q_{n-1}T_{n-1}+Q_nS_n-Q_{n-1}S_{n-1} \end{aligned}$$

$$Q_n(S_n-T_n) \geqslant Q_{n-1}(S_{n-1}-T_{n-1}).$$

当 $P_1,P_2,\cdots,P_n$ 为正实数时，对每一个 $P_i(i=1,2,\cdots,n)$，有正有理数列$\{\alpha_{it}\}(t=1,2,\cdots)$，使$\lim\limits_{t\to\infty}\alpha_{it}=P_i$. 将 $\alpha_{it}$ 代入所得式的两边，并令 $t\to\infty$，由极限对不等号的保向性立即得证命题 2.

**命题 3**（波波维奇不等式的推广） 在命题 2 的条件下，有

$$\left(\frac{S_n}{T_n}\right)^{Q_n} \geqslant \left(\frac{S_{n-1}}{T_{n-1}}\right)^{Q_{n-1}} \geqslant \cdots \geqslant \frac{S_1}{T_1}=1.$$

**证** 在命题 2 的证明中，将矩阵 $\boldsymbol{A}$ 的所有 $T_{n-1}$ 换成 $S_{n-1}$，其余做法都不变，得 $\boldsymbol{A}'$，有

$$\begin{aligned} T(\boldsymbol{A}) &= (Q_nMS_{n-1})^{\sum\limits_{i=1}^{n-1}q_i}(Q_nMa_n)^{q_n} \\ &= (Q_nM)^{Q_nM}S_{n-1}^{MQ_{n-1}}a_n^{MP_n}, \end{aligned}$$

$$\begin{aligned} T(\boldsymbol{A}') &= \left(\sum_{i=1}^{n-1}q_iS_{n-1}+q_na_n\right)^{\sum\limits_{i=1}^{n}q_i} \\ &= (MQ_{n-1}S_{n-1}+MP_na_n)^{MQ_n} \\ &= M^{MQ_n}(Q_{n-1}S_{n-1}+P_na_n)^{MQ_n} \\ &= M^{MQ_n}(S_nQ_n)^{MQ_n} \\ &= (MQ_n)^{MQ_n}\cdot S_n^{MQ_n}. \end{aligned}$$

由 $T(\boldsymbol{A})\leqslant T(\boldsymbol{A}')$有

$$(Q_nM)^{Q_nM}S_{n-1}^{MQ_{n-1}}a_n^{MP_n} \leqslant (MQ_n)^{MQ_n} \cdot S_n^{MQ_n},$$

从而有

$$S_{n-1}^{Q_{n-1}}a_n^{P_n} \leqslant S_n^{Q_n},$$

$$S_{n-1}^{Q_{n-1}}a_n^{P_n}T_{n-1}^{Q_{n-1}} \leqslant S_n^{Q_n}T_{n-1}^{Q_{n-1}},$$

$$S_{n-1}^{Q_{n-1}}T_n^{Q_n} \leqslant S_n^{Q_n}T_{n-1}^{Q_{n-1}},$$

$$\left(\frac{S_n}{T_n}\right)^{Q_n} \geqslant \left(\frac{S_{n-1}}{T_{n-1}}\right)^{Q_{n-1}}.$$

再由极限过程即得证命题 3.

**命题 4**（切比雪夫不等式的推广） 设 $0\leqslant C_{i1}\leqslant C_{i2}\leqslant\cdots\leqslant C_{in}$ $(i=1,2,\cdots,m)$，则

$$\frac{\sum_{j=1}^{n}C_{1j}C_{2j}\cdots C_{mj}}{n} \geqslant \frac{\sum_{j=1}^{n}C_{1j}}{n}\ \frac{\sum_{j=1}^{n}C_{2j}}{n}\cdots\frac{\sum_{j=1}^{n}C_{mj}}{n}.$$

**证** 考虑 $m\times n$ 矩阵

$$\boldsymbol{A} = \begin{pmatrix} C_{11} & C_{12} & \cdots & C_{1n} \\ C_{21} & C_{22} & \cdots & C_{2n} \\ \vdots & \vdots & & \vdots \\ C_{m1} & C_{m2} & \cdots & C_{mn} \end{pmatrix},$$

$\boldsymbol{A}$ 是可同序矩阵. 分 $m-1$ 步对 $\boldsymbol{A}$ 作变换. 第 $k$ 步把 $\boldsymbol{A}$ 的第 $k$ 行变为

$$C_{k,1+l}, C_{k,2+l}, \cdots, C_{k,n+l} \quad (l = 0,1,\cdots,n-1),$$

$k=2,3,\cdots,n$，约定 $n=0$，有 $n$ 种方法，依次完成这 $m-1$ 步变换 $\boldsymbol{A}$ 的工作，可分别得一个矩阵. 由乘法原理，共可得 $n^{m-1}$个 $\boldsymbol{A}$ 的乱序矩阵 $\boldsymbol{A}_i'$ $(i=1,2,\cdots,n^{m-1})$. 所有乱序矩阵

的列积共有 $n^m$ 个,它们正是

$$\left(\sum_{j=1}^{n} C_{1j}\right)\left(\sum_{j=1}^{n} C_{2j}\right)\cdots\left(\sum_{j=1}^{n} C_{mj}\right)$$

展开式中的各项.由 $S$ 不等式有

$$\begin{aligned} n^{m-1}\sum_{j=1}^{n} C_{1j}C_{2j}\cdots C_{mj} = n^{m-1}S(\boldsymbol{A}) &\geqslant \sum_{i=1}^{n^{m-1}} S(\boldsymbol{A}'_i) \\ &= \left(\sum_{j=1}^{n} C_{1j}\right)\left(\sum_{j=1}^{n} C_{2j}\right)\cdots\left(\sum_{j=1}^{n} C_{mj}\right). \end{aligned}$$

两边除以 $n^m$ 即得命题 4.

特别地,当 $C_{1j} = C_{2j} = \cdots = C_{mj} = a_j$ 时,命题 4 变为

$$\frac{1}{n}\sum_{j=1}^{n} a_j^m \geqslant \left(\frac{1}{n}\sum_{j=1}^{n} a_j\right)^m.$$

# 3 练 习 题

1. 证明：$(n!)^3 \leqslant n^n\left(\frac{n+1}{2}\right)^{2n}$.

2. 设 $a, b, c > 0$，证明：

$$ab(a+b)+bc(b+c)+ca(c+a) \geqslant 6abc.$$

3. 设 $0 < x < 1$，$F(n)=x^n+(1-x)^n$，证明：

$$F(n) \geqslant \frac{1}{2}F(n-1).$$

4. 求证：$3(1+a^2+a^4+a^6) \geqslant 4(a+a^3+a^5)$.

5. 设 $x \geqslant -1$，证明：$\left(\frac{x+1}{n}\right)^n \leqslant \left(\frac{x+2}{n+1}\right)^{n+1}$.

6. 求证：$\prod_{k=0}^{n-1}(k+\cos 1) \leqslant n!$.

7. 设 $x_1, x_2, \cdots, x_n > 0$，$x_1+x_2+\cdots+x_n=1$，证明：

$$\frac{1}{1+x_1}+\frac{1}{1+x_2}+\cdots+\frac{1}{1+x_n} \geqslant \frac{n^2}{n+1}.$$

8. 设 $x_1, x_2, \cdots, x_n > 0$，$x_1+x_2+\cdots+x_n=1$，证明：

$$n\sum_{k=1}^{n} x_k^3+(n-1)\sum_{k=1}^{n} x_k^2 \geqslant 1.$$

9. 设 $x_1, x_2, \cdots, x_n > 0$，$x_1+x_2+\cdots+x_n=1$，证明：

$$\prod_{i=1}^{n}\left(1+\frac{1}{x_i}\right) \geqslant (n+1)^n.$$

10. 在锐角$\triangle ABC$中,求证:

(1) $\cot^2 A+\cot^2 B+\cot^2 C\geqslant 1$;

(2) $\tan^4 A+\tan^4 B+\tan^4 C\geqslant \tan^2 A\tan^2 B\tan^2 C$;

(3) $(1+\tan B\tan C)(1+\tan C\tan A)(1+\tan A\tan B)\geqslant 64$.

11. 在锐角$\triangle ABC$中,求证:

$$3(a+b+c)\leqslant \pi\left(\frac{a}{A}+\frac{b}{B}+\frac{c}{C}\right).$$

12. 在锐角$\triangle ABC$中,求证:

$$(1+\sin A+\cos A)(1+\sin B+\cos B)(1+\sin C+\cos C)$$
$$\geqslant 3(\sin A+\sin B+\sin C)(\cos A+\cos B+\cos C).$$

13. 设$x_i\geqslant 0$,$\sum\limits_{i=1}^{n} x_i\leqslant \frac{1}{2}$,证明:

$$(1-x_1)(1-x_2)\cdots(1-x_n)\geqslant \frac{n}{2^n}.$$

14. 设$x,y,z\geqslant 0$,证明:$(x+y+z)^6\geqslant 432xy^2z^3$.

15. 设$x,y,z>0$,$x+y+z=1$,证明:

(1) $(1+x)(1+y)(1+z)\geqslant 8(1-x)(1-y)(1-z)$;

(2) $xy(y+z+yz)+xz(x+z+xz)+yz(x+y+xy)$

$\leqslant \frac{7}{27}$.

16. 在$\triangle ABC$中,$2s=a+b+c$,$r$和$R$分别是内、外切圆半径,证明:

$$\frac{1}{(s-a)^2}+\frac{1}{(s-b)^2}+\frac{1}{(s-c)^2}\geqslant \frac{1}{r^2}\geqslant \frac{4}{R^2}.$$

17. 设$0\leqslant a,b,c,d\leqslant 1$,证明:

$$(1-a)(1-b)(1-c)(1-d)\geqslant 1-a-b-c-d.$$

18. 设 $n$ 是大于 2 的自然数，证明：$n^{n+1} \geqslant (n+1)^n$.

19. 设 $a_1, a_2, \cdots, a_n$ 同号，$b_1 b_2 \cdots b_n$ 是 $a_1, a_2, \cdots, a_n$ 的排列，证明：

$$(1+a_1^2)(1+a_2^2)\cdots(1+a_n^2)$$
$$\geqslant (1+a_1 b_1)(1+a_2 b_2)\cdots(1+a_n b_n).$$

20. 设 $a_1, a_2, \cdots, a_n \geqslant 1$，证明：

$$(1+a_1)(1+a_2)\cdots(1+a_n) \geqslant \frac{2^n}{n+1}(1+a_1+a_2+\cdots+a_n).$$

21. 求证：$\sin^2 x + \sin^2 y + 1 \geqslant \sin x + \sin y + \sin x \sin y$.

22. 求证：若 $p>0, q>0, p^3+q^3=2$，则 $p+q \leqslant 2$.

23. 求证：若 $x>0, x \neq 1$，$n$ 是自然数，则

$$x + x^{-n} \geqslant 2n\,\frac{x-1}{x^n-1}.$$

24. 在 $\triangle ABC$ 中，求证：

(1) $\cos A + \cos B + \cos C \leqslant \dfrac{3}{2}$.

(2) $a^3+b^3+c^3$

$\geqslant 3abc + a(b-c)^2 + b(c-a)^2 + c(a-b)^2$.

(3) $\dfrac{a^2}{-a+b+c} + \dfrac{b^2}{a-b+c} + \dfrac{c^2}{a+b-c} \geqslant a+b+c$.

25. 设 $a_1, a_2, \cdots, a_n > 0$，$a_1 + a_2 + \cdots + a_n = s$，证明：

(1) $(s+a_1)(s+a_2)\cdots(s+a_n) \geqslant (n+1)^n a_1 a_2 \cdots a_n$；

(2) $\sum\limits_{i=1}^{n} a_i^{n+1} \geqslant \left(\sum\limits_{i=1}^{n} a_i\right) \prod\limits_{i=1}^{n} a_i$.

# 4 练习题解答

1. 令

$$A=\begin{pmatrix}1 & 2^3 & \cdots & n^3\\ 1 & 2^3 & \cdots & n^3\\ \vdots & \vdots & & \vdots\\ 1 & 2^3 & \cdots & n^3\end{pmatrix}.$$

调整 $\boldsymbol{A}$，使每列都有 $1,2^3,\cdots,n^3$，得 $\boldsymbol{B}$.

$$T(\boldsymbol{A})=n^n(n!)^3,\quad T(\boldsymbol{B})=\left[\frac{n(n+1)}{2}\right]^{2n}.$$

由 $T(\boldsymbol{A})\leqslant T(\boldsymbol{B})$得证.

2. $\boldsymbol{A}=\begin{pmatrix}ab & ac & bc\\ c & b & a\end{pmatrix}$可全反序，$\boldsymbol{B}=\begin{pmatrix}ab & ac & bc\\ a & c & b\end{pmatrix}$，$\boldsymbol{C}=\begin{pmatrix}ab & ac & bc\\ b & a & c\end{pmatrix}$. 由 $S(\boldsymbol{B})+S(\boldsymbol{C})\geqslant 2S(\boldsymbol{A})$得证.

3. 令

$$\boldsymbol{A}=\begin{pmatrix}x & 1-x & \lambda & \lambda\\ x^{n-1} & (1-x)^{n-1} & \lambda^{n-1} & \lambda^{n-1}\end{pmatrix},$$

$$\boldsymbol{B}=\begin{pmatrix}x & 1-x & \lambda & \lambda\\ \lambda^{n-1} & \lambda^{n-1} & x^{n-1} & (1-x)^{n-1}\end{pmatrix},$$

则 $F(n)+2\lambda^n=S(\boldsymbol{A})\geqslant S(\boldsymbol{B})=\lambda^{n-1}+\lambda F(n-1)$. 所以

$$F(n) \geqslant 2\lambda^{n-1}\left(\frac{1}{2}-\lambda\right)+\lambda F(n-1).$$

取 $\lambda=\dfrac{1}{2}$即得证.

4. 令

$$\boldsymbol{A}=\begin{pmatrix}1 & 1 & 1 & a & a & a & a^2 & a^2 & a^2 & a^3 & a^3 & a^3\\ 1 & 1 & 1 & a & a & a & a^2 & a^2 & a^2 & a^3 & a^3 & a^3\end{pmatrix},$$

$$\boldsymbol{B}=\begin{pmatrix}1 & 1 & 1 & a & a & a & a^2 & a^2 & a^2 & a^3 & a^3 & a^3\\ a^3 & a & a & a^2 & 1 & 1 & a^3 & a^3 & a & a^2 & a^2 & 1\end{pmatrix}.$$

由 $S(\boldsymbol{A}) \geqslant S(\boldsymbol{B})$得证.

5. 令

$$\boldsymbol{A}=\begin{pmatrix}\frac{x+1}{n} & \frac{x+1}{n} & \cdots & \frac{x+1}{n} & 1\\ \frac{x+1}{n} & \frac{x+1}{n} & \cdots & \frac{x+1}{n} & 1\\ \vdots & \vdots & & \vdots & \vdots\\ \frac{x+1}{n} & \frac{x+1}{n} & \cdots & \frac{x+1}{n} & 1\end{pmatrix}_{(n+1)\times(n+1)} \quad (\text{可同序}).$$

调整 $\boldsymbol{A}$,使对角线上全是1,得 $\boldsymbol{A}'$.

$$T(\boldsymbol{A})=(n+1)^{n+1}\left(\frac{x+1}{n}\right)^n, \quad T(\boldsymbol{A}')=(x+2)^{n+1},$$

由 $T(\boldsymbol{A}) \leqslant T(\boldsymbol{A}')$得证.

6. 令

$$\boldsymbol{A}=\begin{pmatrix}\cos 1 & 0 & 0 & \cdots & 0\\ 1 & \cos 1 & 0 & \cdots & 0\\ \vdots & \vdots & \vdots & & \vdots\\ 1 & 1 & 1 & \cdots & \cos 1\end{pmatrix}_{n\times n} \quad (\text{可同序}),$$

$$A' = \begin{pmatrix} \cos 1 & 0 & 0 & \cdots & 0 \\ \cos 1 & 1 & 0 & \cdots & 0 \\ \vdots & \vdots & \vdots & & \vdots \\ \cos 1 & 1 & 1 & \cdots & 1 \end{pmatrix}_{n\times n}.$$

由 $T(\boldsymbol{A}) \leqslant T(\boldsymbol{A}')$得证.

7. 令

$$\boldsymbol{A}_l = \begin{pmatrix} 1+x_{1+l} & 1+x_{2+l} & \cdots & 1+x_{n+l} \\ \dfrac{1}{1+x_1} & \dfrac{1}{1+x_2} & \cdots & \dfrac{1}{1+x_n} \end{pmatrix}$$

$(l=0,1,\cdots,n-1)$,规定 $n=0$,$\boldsymbol{A}_0$ 可全反序.因此

$$\begin{aligned} n^2 = nS(\boldsymbol{A}_0) &\leqslant \sum_{l=0}^{n-1} S(\boldsymbol{A}_l) \\ &= \sum_{k=1}^{n}(1+x_k)\cdot\sum_{k=1}^{n}\frac{1}{1+x_k} \\ &= (n+1)\sum_{k=1}^{n}\frac{1}{1+x_k}, \end{aligned}$$

由此得

$$\sum_{k=1}^{n}\frac{1}{1+x_k} \geqslant \frac{n^2}{n+1}.$$

8. 令

$$\boldsymbol{A}_l = \begin{pmatrix} x_1^2+x_1+1 & x_2^2+x_2+1 & \cdots & x_n^2+x_n+1 \\ 1-x_{1+l} & 1-x_{2+l} & \cdots & 1-x_{n+l} \end{pmatrix}$$

$(l=0,1,\cdots,n-1)$,规定 $n=0$,$\boldsymbol{A}_0$ 可全反序.因此

$$nS(\boldsymbol{A}_0) \leqslant \sum_{l=0}^{n-1} S(\boldsymbol{A}_l),$$

$$n\sum_{k=1}^{n}(1-x_k^3)\leqslant\sum_{k=1}^{n}(x_k^2+x_k+1)\cdot\sum_{k=1}^{n}(1-x_k),$$

$$n\left(n-\sum_{k=1}^{n}x_k^3\right)\leqslant\left(n+1+\sum_{k=1}^{n}x_k^2\right)(n-1),$$

$$n\sum_{k=1}^{n}x_k^3+(n-1)\sum_{k=1}^{n}x_k^2\geqslant 1.$$

9. 令

$$\boldsymbol{A}=\begin{pmatrix}x_1 & x_2 & \cdots & x_n\\ x_1 & x_2 & \cdots & x_n\\ \vdots & \vdots & & \vdots\\ x_1 & x_2 & \cdots & x_n\end{pmatrix}_{(n+1)\times(n-1)}\quad\text{(可同序)}.$$

调整 $\boldsymbol{A}$ 的第 $2,3,\cdots,n+1$ 行,不计第 1 行,使每列各元恰有一个,得 $\boldsymbol{B}$. 由 $T(\boldsymbol{A})\leqslant T(\boldsymbol{B})$ 得

$$(n+1)^n x_1x_2\cdots x_n\leqslant(1+x_1)(1+x_2)\cdots(1+x_n).$$

10. 令 $x=\tan A, y=\tan B, z=\tan C, x+y+z=xyz$,

$$\boldsymbol{M}=\begin{pmatrix}x^{-1} & y^{-1} & z^{-1}\\ x^{-1} & y^{-1} & z^{-1}\end{pmatrix},\quad \boldsymbol{M}'=\begin{pmatrix}x^{-1} & y^{-1} & z^{-1}\\ y^{-1} & z^{-1} & x^{-1}\end{pmatrix},$$

则

$$\begin{aligned}S(\boldsymbol{M})\geqslant S(\boldsymbol{M}')&=(xy)^{-1}+(yz)^{-1}+(zx)^{-1}\\&=(xyz)^{-1}(x+y+z)=1.\end{aligned}$$

得证(1). 令

$$\boldsymbol{P}=\begin{pmatrix}x & y & z\\ x & y & z\\ x & y & z\\ x & y & z\end{pmatrix},\quad \boldsymbol{Q}=\begin{pmatrix}x & y & z\\ y & z & x\\ z & x & y\\ x & y & z\end{pmatrix}.$$

由 $S(\boldsymbol{P})\geqslant S(\boldsymbol{Q})$有

$$x^4+y^4+z^4\geqslant xyz(x+y+z)=x^2y^2z^2.$$

得证(2).

由 $T(\boldsymbol{P})\leqslant T(\boldsymbol{Q})$有

$$64xyz\leqslant(x+xyz)(y+xyz)(z+xyz).$$

化简即得$(1+yz)(1+zx)(1+xy)\geqslant 64$.得证(3).

11. 由于$\dfrac{\sin x}{x}$在$\left(0,\dfrac{\pi}{2}\right)$上单调减,所以

$$\boldsymbol{M}=\begin{pmatrix} A & B & C \\ \dfrac{\sin A}{A} & \dfrac{\sin B}{B} & \dfrac{\sin C}{C}\end{pmatrix}$$

可全反序.令

$$\boldsymbol{M}'=\begin{pmatrix} A & B & C \\ \dfrac{\sin C}{C} & \dfrac{\sin A}{A} & \dfrac{\sin B}{B}\end{pmatrix},$$

$$\boldsymbol{M}''=\begin{pmatrix} A & B & C \\ \dfrac{\sin B}{B} & \dfrac{\sin C}{C} & \dfrac{\sin A}{A}\end{pmatrix}.$$

所以 $3S(\boldsymbol{M})\leqslant S(\boldsymbol{M})+S(\boldsymbol{M}')+S(\boldsymbol{M}'')$,即

$$3(\sin A+\sin B+\sin C)$$
$$\leqslant\left(\frac{\sin A}{A}+\frac{\sin B}{B}+\frac{\sin C}{C}\right)(A+B+C).$$

由正弦定理有

$$3(a+b+c)\leqslant\pi\left(\frac{a}{A}+\frac{b}{B}+\frac{c}{C}\right).$$

12. 由于 $A+B>\dfrac{\pi}{2}$,$B+C>\dfrac{\pi}{2}$,$C+A>\dfrac{\pi}{2}$,所以

$$M=\begin{pmatrix}\cos A & \sin C & 1\\ \cos B & \sin A & 1\\ \cos C & \sin B & 1\end{pmatrix}$$

是同序矩阵，而

$$M'=\begin{pmatrix}1 & \sin C & \cos A\\ \cos B & 1 & \sin A\\ \sin B & \cos C & 1\end{pmatrix}$$

是乱序矩阵．由 $T(M')\geqslant T(M)$ 得证．

13．令

$$A=\begin{pmatrix}1-x_1 & \frac{1}{2} & \cdots & \frac{1}{2}\\ 1-x_2 & \frac{1}{2} & \cdots & \frac{1}{2}\\ \vdots & \vdots & & \vdots\\ 1-x_n & \frac{1}{2} & \cdots & \frac{1}{2}\end{pmatrix}_{n\times n}.$$

调整 $A$，使 $1-x_1,1-x_2,\cdots,1-x_n$ 在对角线上，得 $A'$．

$$S(A)=(1-x_1)(1-x_2)\cdots(1-x_n)+\left(\frac{1}{2}\right)^n(n-1),$$

$$\begin{aligned}S(A')&=\left(\frac{1}{2}\right)^{n-1}(1-x_1+1-x_2+\cdots+1-x_n)\\&=n\left(\frac{1}{2}\right)^{n-1}-\left(\frac{1}{2}\right)^{n-1}\sum_{i=1}^{n}x_i\\&\geqslant n\left(\frac{1}{2}\right)^{n-1}-\left(\frac{1}{2}\right)^{n}\\&=(2n-1)\left(\frac{1}{2}\right)^{n}.\end{aligned}$$

由 $S(\boldsymbol{A})\geqslant S(\boldsymbol{A}')$得证.

14. 令

$$\boldsymbol{A}=\begin{pmatrix} x & \frac{y}{2} & \frac{y}{2} & \frac{z}{3} & \frac{z}{3} & \frac{z}{3} \\ x & \frac{y}{2} & \frac{y}{2} & \frac{z}{3} & \frac{z}{3} & \frac{z}{3} \\ \vdots & \vdots & \vdots & \vdots & \vdots & \vdots \\ x & \frac{y}{2} & \frac{y}{2} & \frac{z}{3} & \frac{z}{3} & \frac{z}{3} \end{pmatrix}_{6\times 6},$$

则 $\boldsymbol{A}$ 可同序. 调整 $\boldsymbol{A}$,使每列有一个 $x$、两个 $y$、三个 $z$,得 $\boldsymbol{A}'$.

$$T(\boldsymbol{A})=6x\cdot 3y\cdot 3y\cdot 2z\cdot 2z\cdot 2z=432xy^2z^3,$$

$$T(\boldsymbol{A}')=(x+y+z)^6.$$

由 $T(\boldsymbol{A}')\geqslant T(\boldsymbol{A})$得证.

15. 令

$$\boldsymbol{M}=\begin{pmatrix} 1-x & 1-y & 1-z \\ 1-x & 1-y & 1-z \end{pmatrix},$$

$$\boldsymbol{N}=\begin{pmatrix} 1-x & 1-y & 1-z \\ 1-y & 1-z & 1-x \end{pmatrix}.$$

由 $T(\boldsymbol{M})\leqslant T(\boldsymbol{N})$得证(1).

令 $x\leqslant y\leqslant z$,有 $P=xy+yz+zx\leqslant\frac{1}{3}$.再令

$$\boldsymbol{A}=\begin{pmatrix} xy & xz & yz \\ y+z+yz & x+z+xz & y+x+yx \end{pmatrix},$$

$$\boldsymbol{B}=\begin{pmatrix} xy & xz & yz \\ x+z+xz & x+y+xy & y+z+yz \end{pmatrix},$$

$$C = \begin{pmatrix} xy & xz & yz \\ x+y+xy & y+z+yz & x+z+xz \end{pmatrix},$$

所以 $3S(\boldsymbol{A}) \leqslant S(\boldsymbol{A}) + S(\boldsymbol{B}) + S(\boldsymbol{C}) = P(P+2) \leqslant \frac{7}{9}$，得证(2).

16. 令 $x = s-a$，$y = s-b$，$z = s-c$，则

$$r^2 = \frac{xyz}{x+y+z}, \quad R^2 = \frac{(x+y)^2(y+z)^2(z+x)^2}{16xyz(x+y+z)}.$$

原不等式化为

$$\frac{1}{x^2} + \frac{1}{y^2} + \frac{1}{z^2} \geqslant \frac{1}{yz} + \frac{1}{zx} + \frac{1}{xy},$$

$$(x+y)(y+z)(z+x) \geqslant 8xyz.$$

由

$$S\begin{pmatrix} x^{-1} & y^{-1} & z^{-1} \\ x^{-1} & y^{-1} & z^{-1} \end{pmatrix} \geqslant S\begin{pmatrix} x^{-1} & y^{-1} & z^{-1} \\ y^{-1} & z^{-1} & x^{-1} \end{pmatrix},$$

$$T\begin{pmatrix} x & y & z \\ y & z & x \end{pmatrix} \geqslant T\begin{pmatrix} x & y & z \\ x & y & z \end{pmatrix}$$

得证.

17. 令

$$\boldsymbol{A} = \begin{pmatrix} 1-a & 1 & 1 & 1 \\ 1-b & 1 & 1 & 1 \\ 1-c & 1 & 1 & 1 \\ 1-d & 1 & 1 & 1 \end{pmatrix},$$

则 $\boldsymbol{A}$ 可同序. 调整 $\boldsymbol{A}$，使每列有三个 1，得 $\boldsymbol{A}'$. 由 $S(\boldsymbol{A}) \geqslant S(\boldsymbol{A}')$ 得证.

18. 令

$$A=\begin{pmatrix}1 & 1 & \cdots & 1 & 1\\ 1 & 1 & \cdots & 1 & 1\\ 1 & 1 & \cdots & 1 & 0\\ \vdots & \vdots & & \vdots & \vdots\\ 1 & 1 & \cdots & 1 & 0\end{pmatrix}_{(n+1)\times(n-1)},$$

$$B=\begin{pmatrix}1 & 1 & \cdots & 1 & 1\\ 1 & 1 & \cdots & 1 & 1\\ 0 & 1 & \cdots & 1 & 1\\ \vdots & \vdots & & \vdots & \vdots\\ 1 & 1 & \cdots & 1 & 0\end{pmatrix}_{(n+1)\times(n-1)},$$

则 $\boldsymbol{A}$ 是可同序矩阵，$\boldsymbol{B}$ 是乱序矩阵.

$$T(\boldsymbol{A})=(n+1)^{n-2}\cdot 2,\quad T(\boldsymbol{B})=n^{n-1}.$$

由 $T(\boldsymbol{A})\leqslant T(\boldsymbol{B})$有

$$2(n+1)^{n-2}\leqslant n^{n-1},$$

所以

$$(n+1)^n\leqslant\frac{(n+1)^2}{2n^2}\cdot n^{n+1}\leqslant n^{n+1}.$$

19. 令

$$\boldsymbol{A}=\begin{pmatrix}a_1 & a_2 & \cdots & a_n\\ a_1^{-1} & a_2^{-1} & \cdots & a_n^{-1}\end{pmatrix},$$

$$\boldsymbol{B}=\begin{pmatrix}a_1 & a_2 & \cdots & a_n\\ b_1^{-1} & b_2^{-1} & \cdots & b_n^{-1}\end{pmatrix},$$

则 $\boldsymbol{A}$ 可全反序，$\boldsymbol{B}$ 是乱序矩阵. 由 $T(\boldsymbol{A})\geqslant T(\boldsymbol{B})$得证.

20. 原不等式即

$$\prod_{i=1}^{n}\frac{1+a_i}{2}\geqslant\frac{1}{n+1}(1+a_1+\cdots+a_n).$$

令

$$A=\begin{pmatrix}1 & \cdots & 1 & \frac{n+1}{2}\\ 1 & \cdots & 1 & \frac{1+a_1}{2}\\ \vdots & & \vdots & \vdots\\ 1 & \cdots & 1 & \frac{1+a_n}{2}\end{pmatrix}_{(n+1)\times(n+1)},$$

则 $\boldsymbol{A}$ 是同序矩阵. 调整 $\boldsymbol{A}$,使 1 不在对角线上,得 $\boldsymbol{A}'$.

$$S(\boldsymbol{A})=\frac{n+1}{2}\prod_{i=1}^{n}\frac{1+a_i}{2}+n,$$

$$\begin{aligned}S(\boldsymbol{A}')&=\frac{n+1}{2}+\frac{1+a_1}{2}+\cdots+\frac{1+a_n}{2}\\&=\frac{1}{2}(1+a_1+a_2+\cdots+a_n)+n.\end{aligned}$$

由 $S(\boldsymbol{A})\geqslant S(\boldsymbol{A}')$得证.

21. 令

$$\boldsymbol{A}=\begin{pmatrix}\sin x & \sin y & 1\\ \sin x & \sin y & 1\end{pmatrix},\quad \boldsymbol{B}=\begin{pmatrix}\sin x & \sin y & 1\\ 1 & \sin x & \sin y\end{pmatrix}.$$

由 $S(\boldsymbol{A})\geqslant S(\boldsymbol{B})$得证.

22. 由于

$$p^2q+pq^2=S\begin{pmatrix}p^2 & q^2\\ q & p\end{pmatrix}\leqslant S\begin{pmatrix}p^2 & q^2\\ p & q\end{pmatrix}=p^3+q^3,$$

所以

$$(p+q)^3=p^3+3(p^2q+pq^2)+q^3\leqslant 4(p^3+q^3)=8,$$

开方即得证.

23. 令

$$\boldsymbol{A}=\begin{pmatrix} x^n & x^{n-1} & \cdots & x & 1 & 1 & \cdots & 1 & 1\\ x & x & \cdots & x & 1 & 1 & \cdots & 1 & 1\\ x & x & \cdots & x & x & 1 & \cdots & 1 & 1\\ \vdots & \vdots & & \vdots & \vdots & \vdots & & \vdots & \vdots\\ \underbrace{x \quad x \quad \cdots \quad x}_{n\text{列}} & & & & \underbrace{x \quad x \quad \cdots \quad x \quad 1}_{n\text{列}} \end{pmatrix}_{(n+1)\times 2n}$$

(可同序). 调整 $\boldsymbol{A}$ 的第 1 行,使第 $1\sim n$ 列都有 1 个 1,第 $n+k$ 列各有 $k$ 个 1、$n$ 个 $x(k=1,2,\cdots,n)$,得 $\boldsymbol{A}'$. 由 $S(\boldsymbol{A})\geqslant S(\boldsymbol{A}')$ 得

$$x^{2n}+x^{2n-1}+\cdots+x^{n+1}+x^{n-1}+x^{n-2}+\cdots+x+1 \geqslant 2nx^n,$$

即

$$(x^{n+1}+1)(x^{n-1}+x^{n-2}+\cdots+x+1)\geqslant 2nx^n.$$

所以

$$\frac{(x^{n+1}+1)(x^n-1)}{x-1}\geqslant 2nx^n,$$

从而有

$$x+x^{-n}\geqslant 2n\,\frac{x-1}{x^n-1}.$$

24. (1) 原式即

$$\frac{b^2+c^2-a^2}{2bc}+\frac{c^2+a^2-b^2}{2ca}+\frac{a^2+b^2-c^2}{2ab}\leqslant\frac{3}{2},$$

也即

$$a^3+b^3+c^3+3abc\geqslant a^2(b+c)+b^2(c+a)+c^2(a+b).$$

令

$$\boldsymbol{M}=\begin{pmatrix}a^2+bc & b^2+ca & c^2+ab\\ a & b & c\end{pmatrix},$$

$$\boldsymbol{M}'=\begin{pmatrix}a^2+bc & b^2+ca & c^2+ab\\ c & a & b\end{pmatrix},$$

$$\boldsymbol{M}''=\begin{pmatrix}a^2+bc & b^2+ca & c^2+ab\\ b & c & a\end{pmatrix},$$

则 $\boldsymbol{M}$ 是同序矩阵，$\boldsymbol{M}'$ 和 $\boldsymbol{M}''$ 是乱序矩阵. 由 $S(\boldsymbol{M})\geqslant\frac{1}{2}[S(\boldsymbol{M}')+S(\boldsymbol{M}'')]$ 得证(1).

(2) 原式即

$$(-a+b+c)(a-b+c)(a+b-c)\leqslant abc.$$

令

$$\boldsymbol{M}=\begin{pmatrix}-a+b+c & a-b+c & a+b-c\\ -a+b+c & a-b+c & a+b-c\end{pmatrix},$$

$$\boldsymbol{M}'=\begin{pmatrix}-a+b+c & a-b+c & a+b-c\\ a+b-c & -a+b+c & a-b+c\end{pmatrix}.$$

由 $T(\boldsymbol{M})\leqslant T(\boldsymbol{M}')$ 得证(2).

令

$$\boldsymbol{M}=\begin{pmatrix}\dfrac{a}{-a+b+c} & \dfrac{b}{a-b+c} & \dfrac{c}{a+b-c}\\ a & b & c\end{pmatrix},$$

$$\boldsymbol{M}' = \begin{pmatrix} \dfrac{a}{-a+b+c} & \dfrac{b}{a-b+c} & \dfrac{c}{a+b-c} \\ c & a & b \end{pmatrix},$$

$$\boldsymbol{M}'' = \begin{pmatrix} \dfrac{a}{-a+b+c} & \dfrac{b}{a-b+c} & \dfrac{c}{a+b-c} \\ b & c & a \end{pmatrix},$$

则 $\boldsymbol{M}$ 可同序，$\boldsymbol{M}'$ 和 $\boldsymbol{M}''$ 是乱序矩阵. 由

$$S(\boldsymbol{M}) \geqslant S(\boldsymbol{M}') + S(\boldsymbol{M}'') - S(\boldsymbol{M}) = a + b + c$$

得证(3).

25. 考虑 2.2 节例 4 中的 $\boldsymbol{A}$，在 $\boldsymbol{A}$ 中加两行.

# 中国科学技术大学出版社
# 中小学数学用书(部分)

组合几何/单墫

解析几何的技巧(第4版)/单墫

重要不等式/蔡玉书

有趣的差分方程(第2版)/李克正　李克大

同中学生谈博弈/盛立人

面积关系帮你解题(第3版)/张景中　彭翕成

周期数列(第2版)/曹鸿德

怎样证明三角恒等式(第2版)/朱尧辰

平面几何100题/单墫

构造法解题/余红兵

向量、复数与质点/彭翕成

漫话数学归纳法(第4版)/苏淳

从特殊性看问题(第4版)/苏淳

凸函数与琴生不等式/黄宣国

Fibonacci数列/肖果能

数学奥林匹克中的智巧/田廷彦

极值问题的初等解法/朱尧辰

巧用抽屉原理/冯跃峰

函数与函数思想/朱华伟　程汉波

美妙的曲线/肖果能

统计学漫话(第2版)/陈希孺　苏淳

直线形/毛鸿翔　古成厚　章士藻　赵遂之

圆/赵遂之　鲁有专

几何极值问题/朱尧辰

小学数学进阶.六年级上册/张善计　易迎喜

小学数学进阶.六年级下册/莫留红　吴梅香

小升初数学题典(第2版)/姚景峰

初中数学千题解.全等与几何综合/思美
初中数学千题解.反比例与最值问题/思美
初中数学千题解.二次函数与相似/思美
初中数学千题解.一次函数与四边形/思美
初中数学千题解.代数综合与圆/思美
初中数学千题解.中考压轴题/思美
初中数学进阶.七年级上册/陈荣华
初中数学进阶.七年级下册/陈荣华
初中数学进阶.八年级上册/徐胜林
初中数学进阶.八年级下册/徐胜林
初中数学进阶.九年级上册/陈荣华
初中数学进阶.九年级下册/陈荣华
全国中考数学压轴题分类释义/马传渔　陈荣华
平面几何的知识与问题/单墫
代数的魅力与技巧/单墫
平面几何强化训练题集(初中分册)/万喜人　等
初中数学竞赛中的思维方法(第2版)/周春荔
初中数学竞赛中的数论初步(第2版)/周春荔
初中数学竞赛中的代数问题(第2版)/周春荔
初中数学竞赛中的平面几何(第2版)/周春荔
平面几何证题手册/鲁有专
学数学(第1—5卷)/李潜
高中数学奥林匹克竞赛标准教材.上册/周沛耕
高中数学奥林匹克竞赛标准教材.中册/周沛耕
高中数学奥林匹克竞赛标准教材.下册/周沛耕
平面几何强化训练题集(高中分册)/万喜人　等
全国高中数学联赛模拟试题精选/本书编委会
全国高中数学联赛模拟试题精选(第二辑)/本书编委会

高中数学竞赛教程(第2版)/严镇军　单墫　苏淳　等
全俄中学生数学奥林匹克(2007—2019)/苏淳
第51—76届莫斯科数学奥林匹克/苏淳　申强
解析几何竞赛读本/蔡玉书
平面几何题的解题规律/周沛耕　刘建业
高中数学进阶与数学奥林匹克.上册/马传渔　张志朝　陈荣华
高中数学进阶与数学奥林匹克.下册/马传渔　杨运新
名牌大学学科营与自主招生考试绿卡·数学真题篇(第2版)
/李广明　张剑
重点大学自主招生数学备考用书/甘志国
强基计划校考数学模拟试题精选/方景贤
数学思维培训基础教程/俞海东
从初等数学到高等数学.第1卷/彭翕成
亮剑高考数学压轴题/王文涛　薛玉财　刘彦永
理科数学高考模拟试卷(全国卷)/安振平

研究特例/冯跃峰
考察极端/冯跃峰
更换角度/冯跃峰
改造命题/冯跃峰
逐步逼近/冯跃峰
巧妙分解/冯跃峰
充分条件/冯跃峰
引入参数/冯跃峰
图表转换/冯跃峰
建立对应/冯跃峰
借桥过河/冯跃峰
递归求解/冯跃峰